大樂文化

大樂文化

大樂文化

回話的藝術

有些時候你不該說「正確答案」，
你該說的是「聰明答案」

鈴木銳智◎著　易起宇◎譯

仕事に必要なのは、「話し方」より「答え方」

為什麼學了說話和簡報的技術，
工作還是得不到稱讚。
這是因為主管要求你擁有的技能，
並不是「說話術」。

主管有九成是**說話術**

主管工作需要的技能
幾乎都是「**說話術**」

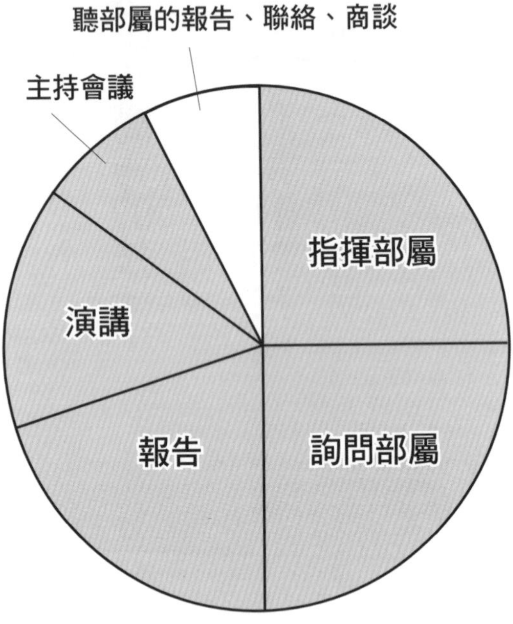

✕ 與你無關的技能

部屬有九成是**回話術**

部屬工作需要的技能
幾乎都是**「回話術」**

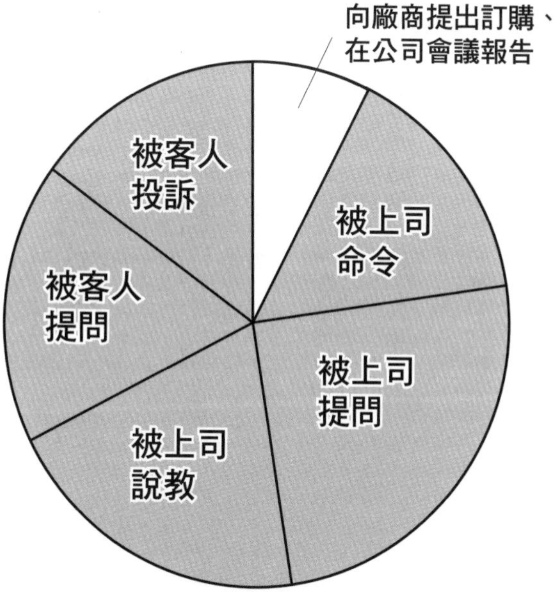

你該磨練的技能

第一章

回答問題有「公式」

目錄 CONTENTS

第二章

你要聽出問題的「真正意思」

目錄 CONTENTS

第三章

為什麼你有說服力？

第四章

找出討論沒交集的原因

第五章

得到職場認同的寫作與說話法

目錄 CONTENTS

作者序　你需要的不是說話術，其實是……

在職場上不被認同、岌岌可危的你。

深陷過度競爭職場的你。

你需要鍛鍊的，不是「說話能力」，也不是「簡報能力」，更不是「英文能力」，而是你的「回話能力」。

主管問：「為什麼你這一季的業績沒有成長？」

職員甲答：「因為少子化和通貨緊縮的緣故，使得市場縮小了。」

職員乙答：「因為我沒有做好顧客管理，讓常客跑掉了。」

這兩人當中，會升官的是乙，會被裁員的則是甲。

主管是在問「業績不好的你，和業績好的人差別在哪？」「市場縮小了」並不能做為答案。

面試官問：「請告訴我，你想應徵我們公司的理由。」

應試者甲答：「因為貴社在業界市占率第一，員工福利也很好，有MBA在職海外進修制度這點也非常吸引人。」

應試者乙答：「因為我想將貴社的教學玩具推廣到全國，讓小孩子的智能程度成為世界第一。」

這兩人當中，會被錄取儲備幹部的是乙。

面試官想聽的是「你的野心」，不是「你的期望」。

事實上，「回答問題」才是公司新人第一項被要求具備的技能。

要懂得如何聰明「回答問題」、「理解問題的意圖」。

因為部屬工作當中有九成，都是在回答主管或客戶的問題。

相對地，說話的技巧，也就是演講或簡報時的必備技能，則是等到獲得更進一步職位的時候，才會需要。公司新人和管理階層必須具備的技能是不同的。

話說回來，所謂「理解問題的意圖」，並不是指「考慮對方心情」或「認清現場氣氛」這種顧慮場面的意思，更不是要學習心電感應。

其實，這就只是「國文能力」的問題。

像是「特徵＝與其他東西的不同」、「理由＝原因＋目的」等等，**日常對話當中其實有許多「這樣問，就這樣答」的答題原則**。

這些基本原則，原本都應該在國小的國語課就要教給人們。但是現在的國語教育，在「回答問題」的訓練上，卻是最薄弱的一塊。現在這種只要從選項當中找出正確答案的「劃卡式教育」，讓人連「問題的意圖」都不用去想，就能得到分數。

就是因為這樣，很多人才改不掉「想到什麼，就說什麼」或是「拚命講自己想說的話」的壞習慣，即使是從所謂一流大學出來的人也一樣。

明明有實力，卻因為「不知道」某些規則，就被主管誤解、錯失機會、面試時被大扣分。

要是發生這樣的事就太可惜了。

這就是為什麼身為補習班老師的我，要為公司的新人寫這本書。

身為一個教國文的人，我覺得我有責任要教會大家。

我的本業是在補習班教國文和小論文，同時也在編參考書。因此，這本書我寫得也有點像是題庫，我準備了八十個學習「回話」原則的問題。就算大家只是輕鬆地讀過去也無妨，但我希望大家在翻頁的時候，也能想想「自己會怎麼回答」。從中應該能夠發現自己「回話的習慣」。

那麼，就讓我們開始上學校沒教（正確地說，是沒學好）的「回話能力」課吧。

第一章

回答問題有「公式」

在面試時或職場裡，回答問題不需要有「個性」。職場的回答有所謂「別人這樣問，我就這樣答」的「公式」。公司新人就從習慣「公式」開始吧。不會被扣分的回答，反而讓你在職場上發光。

1

「厲害」就是「跟別人不同之處」

現在的國中生，似乎已經不認識麥可．傑克森（Michael Jackson）了。這也沒辦法，畢竟從他們懂事開始，關於他的新聞都是官司、醜聞及古怪行為，完全被媒體當做「怪人」在報導。

因此，當麥可過世的消息一傳出，媒體竟然大逆轉似地開始讚揚他，著實讓人感到不可思議。

和親身感受過麥可招牌歌曲〈顫慄〉（Thriller）帶來震撼的世代相比，現在的年輕世代完全是用不同的脈絡在看他。

做為本書的第一道問題，就來想想怎麼說服這些年輕人吧。

問題1　請說明麥可・傑克森的過人之處。

✕ 他的專輯在全世界銷售了七億五千萬張，被世人稱為「流行樂之王」。只要看過他的表演就一定會被感動。不懂得欣賞他的人絕對是怪人。

○ **當時美國的音樂節目幾乎看不到黑人歌手，但是因為麥可嶄新到無法超越的歌曲、舞蹈和音樂錄影帶，成為跨越種族隔閡的一個開端。**

就算端出「七億五千萬張」這個數字，對於不了解那個產業市場標準的人來說，還是無法知道那是多麼傲人的一項數字。這就跟某次考試考了八十分——平常只考三十分的孩子會很開心，但是平常都考一百分的孩子就會很失望一樣。數字要與標準比較，才有意義（順帶一提，麥可創下的七億五千萬張紀錄，是僅次於貓王〔Elvis Presley〕和披頭四〔The Beatles〕之後的第三名）。

並且，看完麥克的表演ＤＶＤ之後，是不是一定會感動，也是未知數。更何況對象還是看著電影《阿凡達》（*Avatar*）或「太陽劇團」等高刺激娛樂長大的二十一世紀孩子。即便現代影像技術及舞台藝術受到麥可・傑克森相當大的影響，他們對於這種歷史的傳承並不會在乎，甚至還可能會說出像「月球漫步不就是老哏？」這種超級沒禮貌的話。

差別的說明＝A是○○＋B是△△

所謂「厲害」就是指「有過人之處」，也就是「與別人有所不同」。因此，只描述一方，並不能當做結束。不管是與「平均值」的不同、與「對手」的不同、與「以前」的不同，**都必須要先表示出比較對象，並且與對方有共同的「標準」**。

銷售員與客戶、主管與部屬、管理者與執行者，在職場上和擁有不同知識的人們對話是很普通的情形。比起一發現對方聽不懂就發怒，不如養成先說「A是○○，但B是△△」的說話方式，無論面對誰，都能夠很順利地溝通。

為了練習，讓我們挑戰下一個問題吧。

問題2 **請說明電子書的好處。**

✕ 無論何時、何地，都可以方便地買書，輕鬆地閱讀。

○ 不同於紙本書籍能夠放在架上或包包裡的數量有限，電子書可以一次將數千本書帶著走。

書籍從以前就是能夠「隨時隨地輕鬆閱讀」，不管是在便利商店還是車站的書報攤，到處都能購買。

要說明「電子書的特徵」，就要去想「不是」電子書的那邊，也就是與「紙本書」的差別才是正解。必須要能夠做到，即使不一一說出「與紙本書的差別」，也能讓人立刻發現到是在說「不是」的那一邊。

若能學會「A是〇〇，B是△△」的公式，不只是在說話的時候，對於整理思緒也會很有幫助。

結論　差別的說明＝A是〇〇＋B是△△

2 結論下在最初三秒鐘

報告、聯絡、商量，是工作上最基本的溝通禮儀。

新人一進到公司裡就會被仔細叮嚀，無論發生任何事情，都一定要跟主管報告、聯絡、商量，不管是工作進度，還是業務上的過錯。如果只是害怕被罵，就想瞞著主管偷偷解決，結果通常只會把問題越弄越大，造成公司更大的痲煩。因此，不如在問題還小的時候就趕快請示上司，這樣做會比較好。

不過，即便公司在新人集訓時，都會教導「報告、聯絡、商量的重要性」，但是只要一到職場，就會分成「懂得如何讓人聽到最後，還能提升自己評價的『報告、聯絡、商量』的人」，和「只會讓人想中途打斷，讓主管越聽越火大的『報告、聯絡、商量』的人」。

這兩種人的差別，在於他們說話的順序。

問題3 **請報告今天「日韓足球賽」的比賽結果。**

✕ 比賽開始十五分鐘，韓國隊的後衛〇〇〇先取得一次罰球PK的機會，並且獲得一分。但是就在上半場要結束前，日本隊前鋒△△△撿到一記來自角落發球的落下球追回一分。下半場持續膠著了四十分鐘，但在倒數五分鐘的時候……。

〇 最後是日本隊以三比一獲勝，其中有二記射門要歸功於前鋒△△△，他也拿下了這場比賽的MVP。日本隊接下來只要在下一場對烏茲別克的比賽獲勝，就可以通過這次預賽。

請先報告比賽的結果，之後才是誰怎樣得分。

說明事情的方法有分「按照發生順序敘述」和「結論優先敘述」兩種，但**職場上的原則是以「結論優先敘述」為主**。

公司裡的主管都是很忙的，沒有人能夠有時間慢慢聽部屬說話。在部屬報告得拖拖拉拉的時候，主管的電話可能就響了，也可能是同事突然衝進主管辦公室說有急事，又或者是部屬自己被客戶打來的電話給叫了出去。

為了讓報告隨時都能被中斷，結論請在最初的三秒鐘報告。

說完結論（主幹）之後，再來才是補充其他細節的情報（枝葉）。

報告的架構有所謂「重點、理由、舉例、重點」（PREP，Point, Reason, Examples, Point）或「結論、細節、結論」（SDS，Summary, Details, Summary）。但不管哪種，都是強調「先說結論」。

報紙上的新聞，也是以「事件概要、詳細情報、事件背景」的順序來分段落。因為這樣編排，當要配合版面縮短文章的時候，只要從最後的段落（枝葉）開始刪減，不會改變到重要內容（主幹），也能調整文章的長度。

報告、聯絡、商量＝從主幹，到枝葉

尤其越是「壞消息」，越要從結論開始講。如果只因為很難開口，就從枝微末節開始說起，反而會給主管「這個人藉口真多」的印象。

而且，處理問題本來就需要很快反應。如果慢吞吞說明，才說個幾句就被打斷，就會因為傳達太慢，而把問題越搞越大。

問題4	請向外國人介紹金閣寺。

✕

金閣寺為足利義滿所建，正式名稱是「鹿苑寺金閣」。它的一樓是「寢殿造」風格，二樓是「書院造」風格，三樓則是「禪宗佛寺」風格。一九五〇年曾因縱火事件而燒毀，之後再度重建。

◯ 金閣寺是一座位於京都，整體為金色的佛寺。六百年前被建造做為將軍別墅，現在是世界文化遺產之一。

外國人聽到哪種敘述會想去參觀？

全名為「鹿苑寺金閣」，為足利義滿所建，這些或許會出現在日本人的考試裡，但是這項敘述卻省略了「這是棟金色的建築物」這項對日本人來說理所當然的大前提。想要吸引來到這個到處都是寺廟的國家的外國人，還是得先說出「這是棟金色的建築物」這項特徵。

什麼部分是「主幹」，什麼部分是「枝葉」，會因為傳達對象而有差異。

結論　傳達＝從主幹，到枝葉

3 不靠形容詞，用數字說話

有句俗話說：「會被公司慰留的時候，就是該離開公司的時候。」

如果自己遞出辭呈，卻聽不到主管慰留，那就代表自己的價值還沒到那種程度，其他公司對自己大概也不會有多高評價吧。

相對地，如果一辭職就受到慰留，那就代表自己具有相當價值，要到外頭找更想要的工作也可以，要繼續留下來，爭取更高薪資也可以。

既然想換工作，就應該等到能更高價出售自己的時候。

不過，要是自己明明有實力，卻不被公司認同，這種情況最艱難。不是公司裡的主管沒有眼光，就是自己表現實力的方法太爛……。

問題5 請問你的上一份工作？

✕ 我在之前工作的餐廳裡，總是用心帶給每一位客人溫暖的微笑，很快就成為店裡的招牌服務生。

○ **我在之前工作的餐廳裡，改進了店裡的服務手冊，使得營業額比前一年增加了二十%，客人回流率也從前一年的十%增加至七十五%。**

即使說自己是「招牌服務生」，聽的人也不知道到底是有多受歡迎，或者只是自我感覺良好。而且光說「很快」，也不知道是進店裡工作之後一個星期，還是一年。

如果是在一般的場合裡，介紹自己是「某某店的招牌服務生」，或許對方會很有反應，但是在求職的面試場合，這樣的介紹詞，從一開始就會被以嚴格眼光（負面眼光）

看待。

因此，必須要有不會被說只是個人看法的**「客觀事實印證」**。

把形容詞換成數字

把「備受矚目」換成「部落格點閱率超過一萬人次」。

把「很努力」換成「一天練習十六小時」。

把「備受信賴」換成「八成顧客都是認識超過十年」。

把「長相甜美可人」換成「選美比賽得票率第一名」。

人對於自身的事，要記住「不靠形容詞，用數字說話」，其實意外地困難。因為我們平常並不會用數字測量自己的成果。因為不會注意到數字，所以創造不了「具體成績」。不把自己的實力數字化，就無法將它表現給公司內外的人知道。

無論是未來想找工作，還是換工作的人，推薦你們在這之前，**先做出「能用數字表示的具體成績」**吧。

問題6

「完蛋了！再這樣下去，公司就要毀在我手裡了！都是因為你們不多衝一些業績，才會變成現在這樣。」年輕的第三代老闆這麼說著。請對這位陷入慌亂的老闆說一句話。

✕ 是的，遵命！我現在立刻去跑業務！

○ 請您先看一下財務報表和這個月的銷售額，以及各項經費的一覽表。一眼就可以看出造成公司赤字的問題在哪裡，請讓我們一起思考解決對策吧。

雖然老闆的態度不用明說就知道，是把公司的經營慘況怪罪在業務員身上，但或許是因為進貨出錯導致了大量庫存，也可能是因為不動產投資失利。

不管商品賣得再好，只要不把哪個部門產生多少赤字的這些資料全都**以數字「透明化」**，企業就無法真正找出問題。

從另外的角度來看，一直用「完蛋了」、「衝多一點」等形容詞的老闆，或許隱藏了什麼重大祕密也說不定。

結論　不靠形容詞，用數字說話

4 「很像」的重點在於差異性

根據二〇一一年的一項調查報告指出，「日本大學生有半數相信『天動說』，四人當中有一人認為太陽是往東方落下。」顯示下一代年輕人學力低落的驚人現實。

雖然調查的是哪裡的大學都很有問題，但是人們看到這樣的報告，還是不禁感嘆現在的教育制度，不知道會對將來造成多大影響。

不過，既然大家都對於下一代的學力低落憂心忡忡，想必都能輕易回答下面的問題。請讓下一代看看大人們的真正實力吧。

問題7	請說明「日蝕」和「月蝕」的發生原因。

✕ 日蝕是因為月球走到太陽和地球之間，造成太陽看起來有盈缺的現象；月蝕則相反，是太陽進到月球和地球之間……。咦？不對。

○ **日蝕是太陽被月球遮住而產生盈缺的現象；月蝕是地球的陰影，照在月亮上，造成月亮有盈缺的現象。**

這個問題，其實是個「陷阱」。

「日蝕」是月球走到太陽和地球之間，遮住太陽沒有錯，但如果「太陽走到月球和地球之間」，地球恐怕就要毀滅了。

「日蝕」和「月蝕」聽起來很像，所以會以為兩者都是同樣道理，只是把太陽換成月亮就好了。但其實一個是「因為被擋住而看不見」，一個是「影子照在上面而變暗」，兩者是完全不同的原因（事實上，全日蝕是太陽和天空會整個變黑，但全月蝕只會讓滿月變成暗紅色而已）。

不可以將「很像」當做「一樣」。就是因為有所不同，所以只是「很像」，而不是「一樣」。

很像＝共通點＋相異點

iPhone風格的智慧型手機、Dyson[1]風格的吸塵器……，基本上，家電業就是個「有抄襲才有得賺」的世界。但是，如果只是完全的抄襲，那就等於毀了自家廠商的名號。因此，許多廠商才會在自家產品上，多加幾個按鍵，或多增加幾個功能，**謀求微小的「差異化」**。既要模仿別人、又要做出差異，真是忙死人了。

現在這個時代，對於那些滿腔熱血的創意上班族來說，或許可說是生不逢時。越是因為不景氣而轉為保守的大企業，在企劃會議上就越是在其他公司後面跟著跑。很可

1 最早發明圓筒式、免集塵袋吸塵器的家電廠商

惜，他們只能將自己想到的獨特創意藏在心裡，配合公司要求，開發只有微小差異化的新商品。

既然公司策略這麼令人討厭，那就來轉換話題，談談酒吧。

問題8 請分別說明「威士忌」和「白蘭地」。

✕ 威士忌是小麥釀的酒，白蘭地是葡萄釀的酒。

〇 **蒸餾酒當中，威士忌的原料是小麥，白蘭地的原料是葡萄。**

所謂「蒸餾酒」，就是將釀造酒加熱，使水分和酒精分離，提升酒精濃度之後的酒。它的製造起源，據說是因為酒精濃度越高，越有利於保存或旅行攜帶。

只說「一個是小麥做的酒，一個是葡萄做的酒」，這種解釋就跟「啤酒和紅酒的差別」沒兩樣。

光是注意威士忌和白蘭地之間的「不同」，反而會漏掉它們之間共同的重要特徵。

而**所謂的「共通點」，就是「和其他分類的不同」**。

結論 **很像＝共同點＋相異點**

5 價值來自於前後的差距

西元二〇〇〇年，日產汽車在新任董事長卡洛斯・戈恩（Carlos Ghosn）的帶領下重新復活，當年該公司打出的宣傳標語是「日產文藝復興」（NISSAN, Renaissance），既押韻、又響亮。

之後，日本國內就開始到處出現使用「文藝復興」的標語，像是「教育文藝復興」、「柔道文藝復興」等等。但是，「文藝復興」這個詞，到底是什麼意思呢？

順道一提，因為就連我教的國文，考題當中也經常出現「文藝復興」，所以我就問了一下學生，懂不懂得這個詞的意思。他們的回答是：「嗯，是裝飾在公共餐廳裡的那種畫嗎？」

問題9 **請說明何謂「文藝復興」。**

✕ 西元十五到十六世紀，米開朗基羅、拉菲爾、達文西等天才畫家相繼出現，將當時藝術回歸到古希臘或古羅馬的古典運動。

◯ **中世紀美術因為基督教的關係，認為女性裸體是一種猥褻，但是文藝復興時期的畫家們認為，人的肉體才是神最崇高的創造，因此提倡寫實地描繪人的裸體。**

若以現代一點的講法，那就是「不露點全裸解禁」。不過，高中如果這樣教，一定會被家長抱怨個不停吧。

「文藝復興」象徵的是一種新時代，光說「回歸古典」，反而會讓人以為是越來越保守。光稱呼達文西他們為「天才畫家」，也會讓人誤以為他們是畫得很好或畫得很快。

歷史上的人物，一定是「改變了什麼的人」，歷史考試會出現的用語，也一定是「因為發生了什麼改變」。拿破崙也好，工業革命也好，一定是他們之前和之後的世界有了什麼巨大變化，他們才能夠留名青史。

也就是說，當問到「什麼是文藝復興」的時候，就代表「請說明它帶來的變化是什麼」。即使不用解釋得很詳細，至少必須要察覺到「變化」是什麼。

不擅長歷史的人，只會把「當時發生的事情」一一背起來，他們會比懂得將「前與後的變化」搭配起來記憶的人，多耗上兩倍的努力。

變化＝之前＋之後

就跟電視上的住宅改造節目或減肥產品廣告一樣，如果只讓觀眾看到變美之後的樣子，觀眾就會想「應該原本就很好了」。就是因為有和「變身前」慘兮兮的照片放在一起，才能夠凸顯出工匠的技術或藥品的效用。

在智慧型手機的世界，要是發表的「新產品」與前一版差別太小，甚至可能會影響到該公司的股價。

價值是從「差距」當中產生的。

問題10　為期兩星期的員工研習營結束了。請寫一篇感想。

✕ 這次的研習營讓我學到不少。教練所講的話，有呼應到許多我平常在想的事，讓我感到獲益良多。算是一次CP值滿高的研習。

○ 我在參加這次研習營之前，因為一直找不到工作的意義，甚至想過要辭職。但是，多虧這次教練的熱心指導，讓我又回想起剛進公司時的熱情，現在想重新再為公司衝鋒陷陣。

研習講師或學校老師這一類人（包括我在內），最喜歡看到學員或學生因為自己教導而改變。這種時候，**訣竅就是要盡可能把「之前」講得越糟糕越好**。

「之前（過去）」與「之後（現在）」的差距越大，越能夠滿足「偉大指導者」的自尊心。

結論　變化＝之前＋之後

6 必要性是「沒有會造成困擾」

每當聖誕節一到，女性雜誌封面上就會大大寫著「聖誕夜哄騙男友購買禮物清單」等等專題。從一開始，就擺明「哄騙男友是一定要的」。女性讀者也會改變自己的觀點，蒂芬妮也好、愛馬仕也好，不管要男友買什麼，都不會有罪惡感。只要在情人節送個便宜巧克力給男友當回禮就夠了。

畢竟，男人也是因為喜歡女人，才會願意拿錢來奉養她們，只要他們不是靠著盜領公款之類的來賺錢，其他人實在沒理由在一旁說三道四。所以，就讓我們為這樣的人祝福吧。

問題11 **請說服你的主管，在公司內設置自動販賣機。**

✕ 最近業績好，進度又順利，所以裝也沒什麼不好。自動販賣機既省能源又省空間，裝了一定會讓大家工作更有幹勁。

○ **如果公司裡沒有自動販賣機，那麼大家要喝東西，就必須到附近的咖啡廳。這附近敵對公司那麼多，要是去咖啡廳聊天談事情，一不小心就可能洩漏公司機密。所以就保全方面來說，公司裡面也需要有自動販賣機。**

什麼「業績好，進度又順利」、「省能源又省空間」，這些只是「有販賣機也無妨」的條件。

說什麼「能提升工作的幹勁」，雖然看起來像優點，但要是被問到「平常不是也很有幹勁嗎」，總不能回答主管說「沒有」吧。

「有也沒關係」的東西，就代表「沒有也沒關係」。

必要性＝「沒有」會產生困擾

人就算看到「好處」在眼前，該小氣的時候就是會小氣。但是看到「壞處」，就會盡可能想要避免。

就算這樣東西真正吸引自己是因為「很舒服」、「很有趣」、「很帥」等正面優點，在講的時候，也**必須以「沒有會很困擾」為說明重點，才有辦法說動他人**。

小孩要媽媽買遊戲給他，絕不會說「因為這樣我才能夠乖乖念書」，而是會說「最近媽媽很健忘，所以買個遊戲幫你鍛鍊腦力」。

樂團主唱想要單飛，絕不會說「因為我想獨佔版稅跟人氣」，而會說「因為樂團需要擴展，才不會一直做同樣的音樂」。

酒店也常常會搞這一套手法，讓小姐跟客人說「我生病了，需要一百萬元的手術費」，好讓客人為小姐掏出錢來。

問題12 **請說明為什麼國中生必須穿制服和遵守髮禁。**

✕ 如果學生服裝不整，會讓附近居民對本校產生壞印象。

○ **如果教室裡有人的錢包失竊，最先被懷疑的將是那些染了頭髮、服裝不整，像不良少年一樣的學生。**

雖然這兩項回答都是在說「服裝不遵守規定會很困擾」，但重點在於「對誰很困擾」。

如果在周遭地區的風評很差，會困擾的是學校。學校老師的管理能力會受到懷疑，對校長的人事或許也會有影響。

但是對學生本人來說，並沒有差。舉再多對本人沒差的事情，都無法對本人產生說服力。

要說明「遵守規則的必要性」，就要從會造成本人困擾的例子開始舉起。

結論 必要性＝「沒有」會產生困擾

7

靠特定名詞增加可信度

現在雖然利用部落格、社群網站等獲得資訊很便利，但網路上也充斥著許多騙人的資訊。太多的商品介紹，都搞不清楚到底是使用者個人的感想，還是廣告。好不容易聽到別人介紹很喜歡的商品，都要懷疑「這是不是祕密行銷？是不是聯盟行銷？是不是詐欺？」

雖然說，「資訊素養」（Information Literacy）的第一點就是「不要被騙」，但是在將來，**「讓人能適度相信的傳達力」**也將成為重要的素養之一。

請趕快擺脫「即使遇到危機，說話也沒人願意相信」的窘境吧。

問題13

一早起床，老婆氣沖沖地逼問：「為什麼昨天那麼晚回來，是去哪裡了？」請給她一個好理由。

✕ 我只是和朋友去喝酒，就在站前的居酒屋。是真的，請相信我吧。

○ **我們公司的新人山田就要當爸爸了，所以去新橋的「和民」幫他慶祝。**

老婆一旦開始逼問丈夫，就會變得很麻煩。不管怎麼講，她都會懷疑，都會要證據。最後，她就會要丈夫，立刻打電話給那位「朋友」，把事情愈搞愈大。

但是，丈夫如果在話語中，無意地一點一點說出像「新人山田」、「新橋」、「和民」這些具體事實，老婆就會比較容易相信是真的。並且，特地說到「要當爸爸了」，也是間接暗示「對方是男的」的一項高招。

如此一來，當場打電話給那位「山田」，就會變得有風險。老婆就會開始計算「事情屬實時的尷尬度」和「對丈夫的懷疑度」，最後就會放棄為減少自己的懷疑，而冒險確認真相。

可信度＝「何時、何地、何人、何事」等特定事實

學生剛畢業找工作時寫的自傳，因為裡頭自我誇大的成分太多，通常整篇下來沒有一處能得到面試官的信任。

為了讓面試官能夠相信，具體就相當重要。

如果曾經參與過救災活動，就不能只寫「我參加過慈善活動，跟他們一起到災區救災」，而是要寫「我曾經在今年的七月到八月，參加過非營利組織『Work Dragon』，和他們一起到陸前高田市幫忙清除瓦礫」，將特定的名詞加在裡頭。

順道一提，說到「讓人相信」的高手，就要說到近年越來越巧妙的「匯款詐欺」。

他們在真正騙錢之前，會先耗費大量的時間人力，偽裝成警察或車站的失物招領人員，以打聽出個人姓名或公司。一旦這些特定名詞到手，要騙取老人家的畢生積蓄，就變得輕而易舉。

問題14

公司的前輩跑來說：「你最近風評不太好，大家都說你很囂張。」你該如何回話。

✕ 真的嗎？怎麼會這樣？前輩可以幫忙教我怎麼向大家解釋嗎？我只能拜託你了。

○ 前輩你說的「大家」是指誰？我想去向他們道歉，如果冒犯到他們，一定是我的錯。請告訴我，到底是誰跟你說的。

像這樣的情況，經常最後會發現，所謂的「大家都說」，其實就只有那個人在說。要是當真，就會感覺四面楚歌，周圍人的一言一行都像是在針對自己。這樣就太痛苦了。

不曉得真實身分的敵人，會比實際的他們恐怖上好幾倍。對方說到「何時、何地、何人、何事」了嗎？這是讓自己將真實性不明的流言置之不理，保護自己心靈健康的訣竅。

結論　可信度＝「何時、何地、何人、何事」等特定事實

8

意見代表你的「個人提案」

許多人在被問到「意見」時，都會不知道該回答什麼，只會呆呆的站著。主管要是看到這樣的菜鳥，就會劈哩趴啦地罵說「沒有主見」、「腦袋空空」、「沒在聽話」、「態度反抗」等等。

可是，回答不出來，真的是因為「腦袋空空」嗎？

事實上，他們想的，比主管想的還要多。他們會擔心，如果抒發自己的感想，卻只換來主管一句「我沒有要聽這個」；他們會害怕，就算講出書上查到的資料，也會被主管說「少在那裡不懂裝懂」。他們無法回答，是因為不知道，怎樣回答才叫做「意見」。

問題15 請說出你對於「閃亮亮姓名」[2]逐漸增加的意見。

✕ 只有沒教養的人才會替小孩取奇怪名字，吉田兼好法師的名著《徒然草》也有提到。這些小孩真可憐，完全不能理解這些父母在想什麼。

○ 會有「閃亮亮姓名」，就代表現在，與其希望孩子是優等生，不如希望孩子是獨一無二的父母越來越多。因此，我們公司的教育雜誌，若能從「教人養育優秀的孩子」，轉換為「教人養育前衛的孩子」，我想一定會大賣。

2 指現代日本父母，常以艱深漢字搭配特殊念法為小孩取名，導致他人無法以漢字判讀念法，或念法存在特殊諧音（如與外來語或特定事物同音）不適合做為姓名之姓名。

要記住，在商業的世界裡，所謂的「意見」，指的並不是「事實說明」或「個人感想」，而是指**「提案」。為了讓討論繼續進行，需要聽到的就是「意見」**。

不管是「可憐」還是「無法理解」，這些都只是個人感想。就算陳述自己的感想，主管也頂多回說「喔，這樣啊」。因為人的心情或感想，沒什麼好贊成或反對的，所以就算說了，也無法讓討論繼續下去。

但是，如果是說「要出一本教人培養前衛孩子的教育雜誌」，就必須決定是否實行這項提案。於是會產生贊成和反對的人，互相為彼此主張開始唇槍舌戰。這樣一來，會議才有進展。這樣的發言，才是主管追求的「意見」。

意見＝提案

很多年輕人，可能只是面對一件非常單純的事，卻因為學校沒有教，他們就不知道該怎麼回答。

請記住，當被要求表達意見的時候，就用**「應該……」「需要……」「不該……」**等形式回答。

人本來就是這樣，還在當菜鳥時，會做出許多錯誤或者青澀的提案。但是，並不需要害怕被其他人反對。

反倒就是要有人反對，我們說的話才稱得上是獨當一面的「意見」。沒人想反對的發言，不過就是一句「可有可無的話」而已。

問題16 **請對老闆「全體員工每天早上都要掃廁所」的獨斷想法，發表你的意見。**

✕ 非常贊成。這樣既會讓員工團結起來，公司環境又會變乾淨，公司業績可能也會因此提升。真是太棒的想法了。

○ **我覺得這真是非常好的一項提案。若能順便將打掃用具全部換新，讓大家能夠快樂的打掃，員工動力想必也會提升吧。**

不管在哪個組織裡，都會有不可違抗的掌權者，但不表示「完全贊成」是應該的（在上班族的世界裡，對特定人士唯命是從是很危險的。一旦公司裡發生權力鬥爭，上頭的老闆失勢，自己就很容易一起被整肅）。

這種時候，就請**「為掌權者的想法提出更進一步的提案」**。這時會說反對的人，頂多就是些候補主管。老闆真正給予高評價的員工，絕不是唯命是從，也不是叛逆分子，而是「能夠說出積極意見的人」。

結論　意見＝不畏反對的提案

9

讓人覺得「絕對沒問題」的說法

在廣告的世界裡，雖然會用「絕對」、「一定」、「隨時」、「百分之百」、「第一」等字眼，但卻必須小心。因為只要出現一個例外，就會被控訴是「廣告不實」。這就跟除菌清潔劑的廣告一樣，在表現殺菌效果時，並不會強調在砧板上的黴菌會全部去除。因為無法保證「每個廚房都能完全殺菌」。

話雖如此，如果不管別人問什麼，我們都回答說「我不敢說絕對」、「無法完全保證」，那也無法說服對方。

身為商業人士，為了銷量，就是要能夠充滿自信地誇讚自己的商品。

問題17 說服學生家長相信「這家補習班能讓學生考取醫學系」。

✕ 本補習班採取二十四小時斯巴達式個別指導，不管哪位同學都能夠提升成績。負責指導的，都是電視上十分出名的明星講師。

○ **本補習班採二十四小時斯巴達式個別指導，不管哪位同學都能夠提升成績。就算因為實力不足而落榜，我們也有走後門入學的管道。**

無論是「二十四小時斯巴達式個別指導」或是「明星講師」，全都只是在提升學生的學力，沒有注意到學力提升不了的可能性。

教育這回事，無論是發明多麼有效的教學方法，因為對象不是機器，而是人類，無法從心所願是理所當然的。有可能是學生本人沒有企圖心，也有可能是學生本身不適合念醫科，補習班再怎麼努力，都有極限。

即使問題不在補習班身上，但只要有一個學生例外，就不能說「絕對」或「百分之百」。

因此，從一開始，就要以會落榜的學生為前提，來思考「百分之百」。也就是說，要有「讓落榜學生也能入學的機制」。

絕對＝能做到的理由＋做不到的補救

其實嚴格來說，就算靠走後門的管道入學，也不能完全說是「百分之百」。如果父母親準備不了大筆的錢，如果學生的成績實在太差，還是有可能會被拒絕。

但是對於不在乎這些的人，**只要分成兩階段說明，就能帶給他們有如「百分之百保證」一樣的安心**。這就是兩階段保證的錯覺。

要宣稱自己是「全國第一便宜」，就必須表明「價格比其他的店便宜。萬一發現有更便宜的店，自己這邊隨時都會再給予更便宜的折扣」。

日本人以前會認為「核能很安全」，是因為政府宣稱「即使壞了，也會啟動緊急電源」。但沒有人想到，所謂的緊急電源，和核能爐放在同樣的地方。

問題18　請向客戶說明「自家公司的雲端服務絕對安全」。

✕ 本公司的伺服器從提供服務以來，從來沒有發生過問題。所以絕對安全。

○ 顧客的資料，我們全都會加以備份，不用擔心遺失。就算全世界的電源都中斷，我們也會將所有資料列印出來，所以絕對安全。

這樣子做，才是數位與傳統並用。不管發生什麼事，感覺都不會有問題。就算所有電腦資料都當掉，也能避免最糟的情況。

「目前為止沒發生過問題」並不能當成「將來不會有問題」的直接根據。可能只是因為公司規模小，還沒成為駭客的目標，但是以後駭客的技術可能更進步，又或者可能發生戰爭也不一定。

讓人心生安全感的祕訣，就是要「連不可能會發生的事情，都有辦法補救」。

結論　絕對＝能做到的理由＋不能做到的補救

10

表達「可惜」及「失望」的正確方式

近年來，經常可以聽到有人用「○○○真可惜」的表現法，像是「這家餐廳感覺真可惜」、「她今天的服裝品味有點可惜」、「這個人的行為真讓人覺得可惜」等等。但是，這樣的用法，很容易給人「高姿態批評事物」的印象，需要特別小心。

為什麼「可惜」這個字眼，以前的人用不會有任何問題，現在卻會演化出這種涵義呢？

問題19

請舉例，你主管的哪一點讓人覺得可惜。

✕ 我們部門的主管，每次去拜訪客戶，就會忘記帶重要資料。真的是太可惜了。

○ **我們部門的主管，從他進公司第一年開始，就一直是業績第一名，從新服務的企劃案到新進員工的教育，都能夠一手包辦。唯獨就是他有把公司衛生紙帶回家的壞習慣，實在讓人不敢恭維。**

字典裡的「可惜」，有兩種意思：一、感到不滿足，無法斷然放棄。二、感到後悔。因為後者的形容是用於自己的心情，所以用在他人或事物上，就會是前者的意思。

所謂「感到不滿足」，就是指「雖然整體不差，但部分有缺陷」。雖然拆穿主管有「帶衛生紙回家」的壞習慣，但只要有全面性的稱讚他「能一手包辦任何事」，就不會讓人聽起來「高姿態」。

但是，如果只敘述主管「很會忘記帶資料」，卻沒有跟他的「優點」對比，聽的人就會覺得這番話是在拿主管和自己比，是在說「我自己做事很小心，主管卻不行」。

就是因為這樣，「可惜」這個詞才會給人「高姿態」的感覺。

可惜＝八成的優點＋二成的缺點

為了不讓他人以為，自己說「這家餐廳真是可惜」，是在炫耀自己是個老饕，我們可以把話改成下列這個樣子：「雖然這家店的菜很好吃，是很正統的法式料理，但是他們服務生招呼客人時的反應有點太過火，讓我覺得有點可惜。」

問題20　**請對「讓人失望的部屬」說一句話。**

✕ 我把這項企劃案交給你，你卻搞到計畫中止！太讓我失望了！

○我原本覺得你既有能力又有人緣，所以把新企劃案交給你，期待你能夠成功。結果卻搞到計畫中止，太讓我失望了。

「失望」這個詞，就和前面談的「可惜」一樣，如果用錯方法，就會讓對方覺得受到藐視。

本來「失望」，就是一種從「期待」與「現實」之間的差距。在使用這個詞時，**必須先有「原本有多少的期待」的前提**。這樣對方才會知道，自己會憤怒，是因為期待落空，才不會對自己心生怨恨，能繼續積極地看待目前情況。

結論　可惜＝八成的優點＋二成的缺點

11 提出積極理由，讓公司動起來

工作，就是不斷的做出選擇。隨時都要準備，在多數的可能性中，選擇最好的那一種。例如：哪個比較會賣，哪個比較安全，哪個比較可行。絕對不可以優柔寡斷，猶豫不決。換句話說，「工作＝選擇」，就代表「不選擇＝不工作」。

然而，困難之處就在於，選擇的結果到底是否正確，通常都必須在真正做出選擇之後，才有辦法知道結果是好是壞。

因此，做出選擇最重要的一點就是，**不能只靠「直覺」，必須要有「理由」做為選擇的依據。並且，理由必須能夠說明。**

問題21 為什麼你的作品中，每位主角的職業都是橡皮擦版畫家？

✕ 我的創作主題是戀愛，所以我並不堅持主角的職業是什麼。而且，其他行業的創作主題也都出得差不多了。

○ **我覺得以橡皮擦版畫家這個樸實主題進行創作，可以表現出人類情感的各種樣貌。我也把這項獨特文化的傳承視為我的使命。**

或許「不堅持」是可以做為不思考職業變化的理由，卻不能當做特地選擇橡皮擦版畫家的理由。因為，既然如此，就應該也可以是造型師，也可以是軍人。

像這種「雖然可以是別的，但沒辦法」的理由，叫做**「消極的理由」**。

相對的，「非橡皮擦版畫家就不成立」就是**「積極的理由」**。或者也可以稱它為「必然性」。當然，這兩種理由，一定是後者有說服力。

消極的理由＝別的也可以
積極的理由＝別的就不行

工作上的所有選擇，都需要有「積極的理由」。原因很簡單，因為這些選擇將決定公司的經費怎麼用。公司每年用來執行員工想法的經費，可能比每個員工的薪水高出好幾倍。雖然選擇揹龜的時候，員工一樣照領月薪、時薪，公司卻要承擔這些損失。

因此，**無法用「積極的理由」說明的選擇，是無法讓公司開始行動的**。

很多人只要自己的提案或企劃不被接受，就會開始說公司的壞話，像是「我老闆真的是死腦筋」、「大企業都有病」等等，但請從經營者的角度重新看待自己的企劃吧。

或許缺乏的正是「積極的理由＝別的就不行」。

問題22 為什麼「士農工商」裡面，農夫排名第二？農民不是地位最低嗎？

✕ 應該排名最後的，因為農民太可憐，所以給他們排名第二。

○ **這是按照皇帝擁有土地，將土地借給農民種稻，稻草交給工人製作草鞋，草鞋交給商人販賣的順序。**

「因為可憐，所以第二」，並不能說明為什麼不是第一或第三。但如果說是「生產順序」，就會變成只能第二。

一般看到「士農工商」，都會以為是「身分上的從屬關係」。但是，只要注意到農民沒有是第二的「必然性＝積極的理由」，就會發現其實是「角色分工的不同」。

尋找必然性，就能為事情帶來新的觀點。

結論

消極的理由＝別的也可以

積極的理由＝別的就不行

12

指出優缺點，事情才會改善

「你覺得這個企劃怎麼樣？」「很難說。」

「你覺得進度趕得上期限嗎？」「很難說。」

「你覺得這東西好吃嗎？」「很難說。」

所以到底是怎樣？

所謂「能幹的人」、「出人頭地的人」，他們不會一開始就說「很難說」。因為他們「喜歡」就會說「喜歡」，「討厭」就會說「討厭」，是「好」是「壞」說得很清楚，所以別人會認定他們為「好理解的人」、「黑白分明的人」。

如果你是主管，你會希望在會議上看到的是黑白分明的部下？還是講話馬虎不明確的部下？

問題23 一部讓你覺得「很難說」的電影，是怎樣的電影？

✕ 就是有一種「嗯～」的感覺。不能說好，也不能說爛，只能用「很難說」來形容的電影。

◯ **雖然故事很好，但布景跟服裝看起來很廉價，畫面很像電視連續劇。**

不能說「好」，也不能說「壞」，那就表示既有優點，也有缺點。如果對於對象的評價很難分清楚是黑或白，那就至少整理出「白（優點）」和「黑（缺點）」來回答吧。

若被問到「是否趕得上期限」，那就回答「雖然大致上都完成了，但是因為插畫的師傅很講究，還不知道何時能結束」。

如果被問說「這盤菜好吃嗎」，那就回答說「有活用到食材本身的味道。不過我自己是喜歡口味再重一點的」。

如果有女生問說「你喜歡我嗎」，那就回答「雖然你的臉是我的菜，但跟你講話實在很累」。

很難說＝優點一半＋缺點一半

養成習慣講「很難說」的人，等於每天都在講「我放棄分析優點和缺點了」。這將造成人的「思考停止」，請立刻改掉這個口頭禪吧。

相反地，當他們聽到別人講「很難說」，也會很容易「唉，這樣啊」地讓事情過去。下次請馬上回問對方「有哪裡不錯，又有哪裡不好」吧。

能夠分出優點和缺點，事物才會有改善。

或許對方的第一眼直覺，也是一樣覺得「很難說」。但是在直覺當中，其實隱藏著連本人也察覺不出來的合理原因。必須藉著不斷地追究「哪裡不好」，才能將自己和對方感覺到的不對勁，用言語整理出來。

另外，還有一句話也跟「很難說」類似，那就是「很複雜」。雖然它也有很明確的意思，但是在日常生活中，它也經常用在很模糊的時候。

問題24

國家代表隊的成員確定了。請隊長為我們發表一下感想。

「嗯～，雖然心情有點複雜，但我們會團結一心，好好努力的。」

所謂的心情複雜，到底是什麼意思？

✕ 在得知被選為代表時，有太多事一口氣湧上心頭，很難用一句話表現當下的心情。

〇 被選為代表雖然很開心，但是想到一起集訓卻落選的夥伴們，就無法敞開心胸地感到高興。

運動選手也需要懂得回話的藝術。能夠在賽後專訪清楚表達的選手，即使引退之後，也能接到解說員的工作。但是，說話結結巴巴的選手，就不會有人想找他上電視。

況且，從他們還是現役選手的時候開始，就必須每天面對「記者」這項強敵。如果無法正確地告訴記者「被選為國家代表，心情卻很複雜」的原因，是因為「對落選同伴的感傷」，那就會在隔天報紙上看到這樣的頭條：「被選為國家代表，卻仍然不滿待遇。」

結論　很難說＝優點一半＋缺點一半

13

「方針」就是判斷「不要做的事」

你認為，老闆的工作是什麼？

若你回答：「籌措資金」，你待的公司應該相當危險。

若你回答：「乘著私人飛機飛來飛去」，那你大概不知道，日本九成九的公司都是中小企業。

老闆最重要的工作，就是決定方針。無論員工多麼優秀，公司沒有經營方針，就無法發揮他們的能力。但是相反地，只要公司方針明確，員工就可以毫不猶豫地拓展業務，老闆當然沒有必要為了資金四處奔走。

問題25 你是一家咖啡廳的老闆，請向員工說明你今年的經營方針。

✕ 本店今年將跟隨潮流，針對不用在辦公室工作的商務人士重新裝修。每張桌子都會附有插座，方便客戶使用3C產品。並且，為了服務一直以來持續光臨的家族客層，也將開始提供兒童餐。另外，因為營運步上軌道還需要更多來客數，晚上也將開始提供暢飲沙瓦的服務。

○ 本店以學生及年輕商務人士的創意空間為目標，將全面提供無線網路及電源插座。如此一來，家族客層將與店內形象不符，今天起將停止供應兒童餐。

一家讓人搞不清楚是咖啡廳、餐廳還是居酒屋的店，不會有任何客人想進去。即使是鄰居，也不會想討論這樣的店，就算剛好講到了，也只會說「隔壁那家亂七八糟的店」。

做生意最重要的，就是要瞄準目標。

店裡該擺些什麼東西、不該擺些什麼東西，希望哪些客人來、希望哪些客人不要來。這些事情越清楚，這家店的特徵就會越明顯。一旦客人搞清楚這是一家「激發創意的咖啡廳」，名氣就會隨著口耳相傳而拓展開來。

方針＝要做的事＋不要做的事

身為領導者，最重要的就是**判斷「不要做的事」**。如果領導者自己分不清楚哪些事不該做，很容易就會受到客人或身旁人的影響，搞得這也要做、那也要做，要做的事情越來越多，最後甚至妨礙到自己本來應該做的事。

尤其是才剛開始的小生意，或與三五好友一起組的小公司，特別容易發生這種問題。為了維持現況，不得不抓緊眼前看到的利益，或者基於朋友的情誼，不得不聽取成員的話。

問題26

你是音樂製作人。旗下的樂團成員向你抗議，他們想做的是八〇年代的硬式搖滾，不是現在的流行曲風。請對他們說幾句建言。

✕ 沒辦法，畢竟要配合唱片公司的要求。這樣好了，下張專輯雖然基本上還是流行曲風，但會讓你們在間奏加一點硬式搖滾，這樣如何？

〇 **你們才剛出道，所以讓你們走流行曲風，先增加知名度。如果可以持續熱賣五年，就會讓你們做一張正統搖滾的專輯，也讓歌迷們大吃一驚。**

雖然說是「不要做的事」，但也不是永遠不能做。這世上有很多事情，都是不可以同時，但可以有時間差。

只不過，**在決定優先順序時，不可以光說「甲先做」而已，必須要連「乙延後做」也一起說。**

若不說清楚，想做乙的人會以為自己的意見被駁回，有因此發飆的危險。

雖然只是小事情，但表達的方式很重要。

結論 方針＝優先順序＝要做的事＋不要做的事

14 話若只聽一半，那就麻煩了

駕照筆試一直過不了的人，他們讀題目時會有種特殊的習慣。

例如這個考題：「當行駛在單線道上，前方的車子打出右轉燈，應該從右邊超車」，答案是「錯」。雖然一般的確是從右邊超車，但只要注意到「前方車子打右轉燈」，就會知道從右邊超車根本是自殺行為。

答題者在答錯之後，要是大罵這是陷阱題，那還沒有關係。至少下次他會為了小心陷阱而更專注閱讀題目。真正分數停滯不前的，反而是那些過度認真的人。因為他們只會想著把駕駛規則從頭看過一遍。

問題27

教務會議決定，因為天候不佳延期的遠足活動，若明天放晴，就會實施。請將這項結果傳達給學生。

✕ 明天如果放晴，就去遠足喔！零食最多帶三百元。請不要遲到喔。

○ **明天如果放晴，就去遠足；如果下雨，就在學校上課。再說一次喔，晴天遠足，雨天上課。大家懂了嗎？**

如果只告訴學生「明天若是放晴，就要遠足」，那萬一明天下雨，應該是要「在學校上課」，還是改為「停課」，還是「照樣實施」？又或者陰天時該怎麼辦？學生們將會一片混亂。

要是說話對象是聰明的大人，或許會有人問「如果下雨，該怎麼辦」，但是這題的對象是小學生。光是聽到「遠足」，就讓他們興奮不已了，根本沒有想到**「分情況」**。

分情況＝若是甲就……＋若是乙就……

日常生活中，經常發生因為「分情況」而產生的問題。

主管對部屬說：「如果只有小會議室可以用，那就不需要投影機。」

兩個鐘頭後，部屬因為大會議室沒有投影機而慌張了起來。

照理講，主管若有說「如果只有小會議室，要如何做」，就應該也會說「如果是用大會議室，那要如何」才對，但是部屬卻只聽到了「（如果只有小會議室可以用），**那就不需要投影機**」。

人是一種「話只聽一半」的動物。

如果你以為別人會聽清楚自己的每一句話，那你可就大錯特錯。

因為客人只會聽到「（若因為天氣或交通問題而取消）**將會全額退費**」，所以一定要再次提醒他們「若是因為顧客本身的緣故，將不受理退費」。

因為重考生只會聽到家人朋友對他說「（如果一直讀書，讀得腦袋和身體很累），**喘口氣休息一下吧**」，所以他們更不會想停下來休息。

問題28 **新上任的主管說：「只要達成一定的目標，我就會辭職。」請反問他問題。**

✕ 目標達成，您真的會辭職嗎？能夠承諾嗎？

○ **目標沒達成，您要怎麼辦？繼續待在這個位子上嗎？**

大學學測的出題者非常了解，考生們在「分情況」上的解讀能力很弱。國文考題只要漏看了題目裡的「若……」或「當……」，最多有可能會丟掉十五分。

而且當中有一點很有趣，國文考題中像這樣子「分情況」的考題，理組的學生反而比文組學生容易答對。或許是因為當數學題目出現「$X \geqq 0$」的時候，一定就會接著說明「$X < 0$」的情況，所以理組學生很習慣「分情況」吧。

結論　分情況＝若是甲就……＋若是乙就……

15 讓人確實記住的自我介紹

一個上進的商業人士，會遇到很多社交場合。不過也有不少人「害怕參加宴會」。大多數這些有宴會恐懼症的人，最擔心的就是「別人記不記得自己」。第二次遇見相同的人時，他們不知道該如何和對方打招呼。

這種時候，最正確的做法就是和對方說：「我是○○○，好久不見了。你還記得我嗎？」自己先和對方打招呼。一方面報上姓名，二方面也向對方強調之前有見過面，這樣即使對方忘記，也能夠很輕鬆地回話，不會感到尷尬。

另外還有一項技巧，可以讓人不用每次宴會都擔心一樣的事情。

那就是做一次**「讓人確實記住的自我介紹」**。

問題29 假設這裡是宴會會場。請做十秒鐘自我介紹。

✕ 你好，我是來自千葉縣的山本。我在一家醫療機器製造公司工作。興趣是讀書和聽音樂。雖然我常常被別人說是怪人，但我自己覺得還好。請多指教。

○ **我叫山本準一。我老家在千葉縣的木更津，以捕蛤蠣維生。因為我是醫療機器製造公司的業務，經常拜訪醫院，所以如果有什麼病痛，我可以隨時介紹名醫給你。**

首先，報名字的時候，要報上全名。因為在同一個會場裡，可能會有好幾個同姓的人。而且，比起簡短的說完自己的姓，大方地報上全名，反而會給人自信優雅的印象。因為很多人在報名字的時候只講姓，所以光是講出全名，就會給人不同的感覺。

再來，自我介紹時的重點，就是要**「舉出一項自己和其他人的不同點」**。出生地也好、職業也好，只要有任何獨特的資訊，就應該特別強調這一點來告訴對方。就算沒有也不用沮喪，能夠盡量把場子炒熱也是一項技巧。

然後，最重要的就是要有**「能帶給對方的好處」**。

就算告訴對方「我的興趣是讀書和聽音樂」，對方也不會覺得這和自己有什麼關係。唯有告訴對方「和我當朋友，可以得到什麼好處」，對方才會留下印象。

不過，這些好處，一定要事先想好才有辦法講出來。雖然有些人會因為想得太認真，想到後來覺得自己很沒用，而開始討厭自己，但是只要肯去尋找，一定可以找到。畢竟，自己能夠活到這把歲數，都是靠著這些好處的幫忙。

自我介紹＝與他人的不同＋給對方的好處

就算自己無法給人直接的好處，也可以透過替對方拓展人脈，來做為給對方的好處。老實說，比起在宴會場上交換名片的那些人，對自己來說更有價值的人脈，大多都是之後再介紹所拓展出來的人脈。

問題30 假設某天你辭職去參加鎮長選舉。請向選民做自我介紹。

✕ 過去四十年，我在一家上市公司當上班族。今後我想為我的故鄉奉獻餘生。

◯ **我當公司經理做了四十年，讓一家快要倒閉的小公司重新發展到能夠股票上市。只有我，才可以讓這個快要破產的小鎮重新站起來。**

若沒有將自己當上班族時的事蹟，與自己的選舉政見串聯，在別人耳裡聽來只會覺得「不過就是在上市公司賺飽了，退休之後想當個鎮長來玩玩罷了」。那些所謂的「明星立委」容易受到批評，也是因為同樣的原因。

就算只找得出一項也好，請從過去的事蹟當中，找出與未來的連接點。

學生畢業找工作也是一樣，若找不出自己學生時代的經歷，和想做工作之間的關聯，面試時可是會被面試官釘得很慘。

反過來說，只要能夠找出一貫性，人人都有可能出類拔萃。

結論　自我介紹＝與他人的不同＋給對方的好處

16 讓人想買的「很適合你」的講法

雖然每種工作都有適合的人和不適合的人，但在當中，「販賣商品」這項行為，卻會給不擅長的人帶來極大壓力。

尤其是對於銷售員抱持著「只會強迫別人買沒用的東西，並且賺他們的錢」這種負面印象的人。對於這種類型的人來說，隨便地說著「很適合你喔」的客套話讚美對方，只會給他們一種你在幫忙詐欺的惡劣感受。

要是至少能夠讓他們轉換成「我們用商品讓客人開心，客人用金錢當做回禮」的印象（並且讓他們相信是這樣），其他一起銷售的同事也會輕鬆許多。

問題31

請替穿著破爛T恤和骯髒牛仔褲的中村先生（三十二歲，程式設計師，離過一次婚）變換造型。

✕ 男生穿西裝最帥了。顏色可以選海軍藍，看起來會很開朗。領帶則推薦這一季最流行的淺藍色。你看，很適合你呢。

○ 以中村先生的職位來說，今後會有越來越多機會見到公司外的客戶，所以要不要試著穿穿看西裝呢？然後，為了強調你做事的準確度和速度感，我建議你搭配藍色的領帶。你看，很適合你呢。

平常喜歡穿休閒裝的人，雖然看似不在意服裝，卻意外地有自己的堅持。就算跟他們說「男性穿西裝很帥」，他們或許會回說「關我什麼事」。要是沒理由地推薦他們特定的顏色，他們只會有「被強迫推銷了」、「被騙了」的感覺。

不過，若是能讓他們了解到「這是為了自己工作的需要」、「這是為了凸顯自己的特色」，他們就會想：「那就穿穿看好了。」

很適合你＝商品的特徵×對方的需求

無論是賣衣服、車子或保險，銷售員懂得銷售和不懂銷售有著很清楚的差別。

不懂銷售的銷售員，從與顧客聊天開始，就會一點一點開始推銷起「想賣的商品」。顧客在被強迫推銷之後，下次就不會再找這個銷售員買東西。

懂得銷售的銷售員，會尋找「對方想要的商品」或「對方需要的商品」。他們與顧客聊天是為了這個目的，並不只是為了討好客人、讓客人心情好而已。

而且，更重要的是，**被推薦符合自己需求商品的客人，下次也會找同一位銷售員買東西**。因為客人知道，這家店裡最了解自己的銷售員是誰。

於是，每賣一次東西給客人，都累積一點那位客人的情報，然後就能推薦給他更適合的商品，並且不斷這樣循環。

因此，懂得銷售的銷售員，就是能讓同一位常客每次都指名服務的人。

問題32 **年紀輕輕就被拔擢，志得意滿的高橋先生（二十八歲，業務，單身），想買一支高級的機械式手錶。請給他一些購買建議。**

☒ 既然你的年薪增加了，乾脆買一支寶璣（Breguet）的馬林錶（Marine）如何？在巴黎本店的顧客名單上，你會跟拿破崙和瑪莉皇后一起列名喔。

○ 像你這樣年輕有為的上班族，如果想受女孩子歡迎，應該要選卡地亞（Cartier）的Calibre de Cartier。不過，若要強調你的工作態度和行動力，還是簡約的豪雅卡萊拉（TAG Heuer Carrera）比較適合。

雖然不過是增加一點收入，想買名牌犒賞自己，這時候要是輕易地輸給了「虛榮、桃花」的誘惑，最後只會花大錢換來一樣與自己形象不搭的飾品，還會給別人留下「暴發戶」的印象。

人在職場上，要對自己的角色（強項或個性）有所自覺，並準備好所有與之相符的配件飾品。只要自己給人的第一印象和內在（人品或工作能力）一致，就能讓對方覺得可靠，讓人能夠信賴。

結論 很適合你＝商品的特徵×對方的需求

17 總結別用否定句，要說肯定句

我們經常可以聽到有人說「多說一些正面的話吧」。而實際上，也很少看到成功的人，嘴上總是掛著「不可能」、「但是」、「反正」等等負面的話。事業成功的人，他們的遣詞用字，似乎真的總是正面或肯定的。

這項「多說正面的話」的傳統，在日本古代被當做一項重要的工作，貴族們會為了國家安寧而歌頌和平，這就是所謂的「言靈信仰」。不過，因為本書並不是一本研究信仰的書，所以我想從現實一點的角度，來談談「肯定句」的效用。

問題33

為了避免公車內有人跌倒，請你試著宣導乘客。

✕ 很危險，在車輛行進中，請不要從座位上站起來。

◯ **行駛中，請不要從座位上站起來，公車停靠了，再請慢慢地下車。**

如果只以「行進中，不要站起來」的否定句做結，將會留下「那該何時走到門口」的疑問。

公車和捷運不一樣，發車時間並不固定。搭公車的人，一方面怕公車到站不快點下車，公車又會要發動；另一方面又怕慢吞吞下車，會造成其他乘客困擾，所以他們很容易在公車還沒有停好之前，就急忙地離開座位準備下車。

但是相對的，司機先告訴乘客「請等車子停好之後，再慢慢下車」，乘客就會知道「司機有保留充分的停車時間」。就算司機提早開動，或是有其他乘客抱怨自己的下車速度，乘客也可以回嘴說「我只是遵照司機的指示」。

說明＝要用肯定句，別用否定句

如果告訴別人事情，只用了一句否定句「不是甲」，那麼對方還是不知道是「要乙」，還是「要丙」或是「要丁」。結果只會被對方問說：「所以到底是怎樣？」

唯有用像「不是甲，是乙」的肯定句做結，對方才會接受自己所說的話。

雖然「要用肯定句，別用否定句」這項原則很簡單，卻有很多人做不到。在我所教的國文課當中，有超過三成以上的學生都習慣用否定句做結。

因為在自己的腦袋當中，已經有了「是乙」這項前提，所以很容易會理所當然地以為「即使不講，大家也都知道」，或者就連「到底講過了沒」都忘記。

讓我們從日常的對話開始，練習以肯定句做說明吧。

如果被人問到「你想吃什麼」，請不要回答「我不想吃拉麵，豬排飯也吃膩了」，請回答「吃壽司好了」。

請不要說「〇〇黨和△△黨都很糟糕」，請說「我支持╳╳黨」。請不要說「我不是不贊成，只是很難說」，請說「我反對」。透過肯定句把話講清楚，就等於是把自己的想法給劃分清楚。

問題34 **同事邀你參加早晨研習會，請回絕他。**

✕ 對不起，那天我很忙，沒辦法參加。

〇 對不起，這個月我一直熬夜加班，所以早晨研習有點困難。下個月應該沒問題，請下次再邀我吧。

喝酒的聚會也好，研習會也好，工作的委託也好，通常只要被拒絕過一次，下次就不太會再找上門。因為邀約的人會從參加可能性較高（上次也有參加）的順序開始找人。就算自己真的有什麼逼不得已的事情非拒絕不可，對方也會解讀成「其實他內心是真的不想來吧」、「其實他很討厭我吧」等等原因。

想在拒絕之後還有機會，那就不要只講否定句「我不參加」，**請用「下次就沒問題」、「如果怎樣就ＯＫ」等肯定句做為拒絕的結尾**。這樣一來，當條件符合的時候，對方就會找上門。

結論　說明＝要用肯定句，別用否定句

第二章

你要聽出問題的「真正意思」

職場新人並不需要磨練「質詢力」。身為菜鳥，是被質詢的那一方。主管通常只是隨口問問，「搞不懂問題的意義」也是常有的事。學習察覺主管問題的意圖，懂得用「要什麼，給什麼」的方式回答吧。

18

如何回答：「不能當第二嗎？」

假設別人問你一個問題：「你覺得，繼續這樣下去好嗎？」你會怎麼回答？

雖然這是一句疑問句，但對方並不是要問你的感想，也不是希望你能做出判斷。對方只是希望你能回答：「不，這並不好。」學校裡教疑問句的用法有兩種：

一、請求對方回答的疑問、詢問。

二、否定意思的反語。

日常對話裡，我們通常能循著講話的脈絡，區分出對方的意思是「疑問」還是「講反話」。就算小孩被罵說「要我講幾次，你才聽得懂」，小孩也不會笨到回答說「大概五次吧」。

問題35

身為經濟部重要委員的你，部長詢問：「我國在再生能源的開發，一直堅持要當世界第一，但也消耗了巨額預算，難道不能當第二嗎？」

✕ 對，對不起，你說的沒錯，當第二也沒關係……。

○ 我們要比別國都先做這項他們做不到的事，才能拿到專利，收取費用。要是當第二，就會變成付錢的那一方了。

這個時候退縮，就是讓長久以來花費的巨額開發費用化為泡影。被逼問到啞口無言的負責人，將要負起最大責任。

先讓我們確認一下，部長問的「難道不能當第二嗎」，是「問題」還是「反話」。

這是在會議上的發言，並不是選舉中的街頭演說，部長只是想聽聽預算上的理由，並且判斷這項做法是否正確。並不是在表達個人的意見。

因此，「難道不能當第二嗎？」並不是「當第二就好了」的反話，而是和字面上一樣，是在詢問**「第一和第二的差別在哪裡」**。

只要冷靜一點想，就可以了解這個問題的真正意思，但是人只要被對手的氣勢或地位所震懾，比較膽小的人就會把對方的詢問當成反話，也就是把單純的問題當成「訓斥」，而對原本的主張打起退堂鼓。於是，原來的討論就會被中途打斷。問問題的一方，也會被周圍的人誤解成「蠻橫」、「藐視科學」等等。

疑問句＝區分「詢問」和「反語」

造成誤解的原因，並不只是被問問題一方的心理因素而已。問問題的一方，也可以為了不被誤解，而多下點工夫。

方法就是，**不要以疑問句做為講話的結尾**。

如果是詢問，那就說：「難道不能當第二嗎？請說明一下理由。」

如果是反語，那就說：「難道不能當第二嗎？我覺得第二就很夠了。」

只要在疑問句後頭多補上一句，問題的目的到底是「詢問」還是「反語」，馬上就會變得一清二楚。

問題36

顧客申訴說：「喂，為什麼你們家的減肥產品，我怎麼吃都不會瘦，怎樣才會變得跟廣告一樣啊？唉呀，問你也沒用，趕快找個懂的人出來吧？」

你該如何跟店長報告？

✕ 店長，有客人生氣地來抱怨了。因為他已經購買超過兩個月了，所以也沒辦法退費，不知道該怎麼跟他講。他一直吵著要負責人出去，那就拜託你了。

○ **有客人來問，到底減肥產品怎樣才會有功效。他想要更詳細的諮詢，可以麻煩你處理嗎？**

事實上，客人想說的是「怎樣才會有效」和「請給我詳細的說明」這兩點。但是，要是傳話的人很害怕客人，就會把客人的話翻譯成「退我錢」和「叫負責人出來」，所以店長出來的時候，就會變成一手帶著合約書的完全決鬥模式。於是，客人也會覺得奇怪「為什麼這家店那麼經不起挑戰呢」。

職場上的傳話，請注意不要因為自己的情緒，改變了傳話的內容。

結論 疑問句＝區分「詢問」和「反語」

19 誘導性的問題，你該這麼回答

有個名詞叫做「誘導性提問」。

在法庭上，如果檢察官問證人說：「你看到的男性長什麼樣子？」證人可以從目擊到的身高、樣貌、服裝等等，自由的回答。但是，要是證人回答的特徵與被告人越不一樣，對於提出問題的檢方來說就會越不利。

不過，要是檢察官問的是「你有沒有看到一個很高的男人」，證人就有很高的可能會回答「有」。除非那個人留給他「很矮」的印象。

像這樣，將希望對方回答的答案隱藏在問題當中，就叫做「誘導性提問」。因為有可能變成冤獄的起源，在法庭上是被禁止的。

但是，這樣的「誘導」，在日常生活中卻不一定都是壞事。

問題37 這是規模很大的企劃案喔，你真的辦得到嗎？

✕ 你說得對，對不起！是我不知道天高地厚，不好意思。

◯ **是的，我辦得到！為了讓相關單位幫忙，我已經跟他們說明清楚了！**

如果是競爭關係的同事這樣問你，或許他的真正心聲是「你做不到，讓我來吧」。

但如果問的人是你的直屬上司，那他大多是希望部屬能夠回答「我可以」。

雖然也是有那種，不管部屬做什麼事都要否定的黑心上司，但是這種時候把問題用善意的方式來解讀也沒什麼不好。

如果對方從一開始就打算否定你（也就是說反話），那麼不管你回答「做得到」還是「做不到」，都不會改變他要否定你的這件事。

但是，如果對方明明是希望你說「我可以」，你卻擅自把它當成說反話，回答「對不起」，那麼不光只是原本能夠通過的企劃就此取消，主管也會因此感到很失望。

既然對方誘導，就誠實地順他的意

工作面試可以說是最常遇到的一種「緊張的同時，又被問題夾攻」的狀況，但若這時候面試官的問題也是採用誘導的方式，順著他的問題回答會比較有利。例如：

「系統工程師的工作，哪裡有趣？」＝想聽你說系統工程師的職場小祕密。

「你覺得自己適合當醫生嗎？」＝想確定你當醫生的決心。

「你對這個世界有什麼貢獻？」＝想讓你注意自己在社會中的價值。

這些問題乍聽之下很直白且不留情面，要是面試者把這些問題都當成「反話」來聽，就會以為面試官一直在威嚇自己。

若把它們當成是「誘導」，就會覺得是「遇到了對自己很有期待的上司」。

問題38

以下是投資講座當中的一段話：「靠投資致富的人，除了學習理論之外，還會做情報分析，只買有勝算的金融商品。初學者則會買他們不太熟悉的商品，於是會漲會跌，對他們來說是靠『運氣』。你覺得我說的對不對？」請回答這個問題。

☒ 不，我並不這麼認為。不然，我今天來聽演講幹嘛？

○ 對啊，老實說，我為了提升財運，還試過改風水或擺水晶之類的，結果都沒用呢。

講師在課堂上問最前排的人問題，大多數的情況都是為了「誘導」。是為了告訴聽眾「大家是外行人，所以會這麼想，但我這個專業的可不同」，所以要是很認真地回答出正確答案，或是認真地反對他的說法，反而會打亂他的劇本。

這個時候只有一種做法，那就是察言觀色地賣講師面子。

除非是受學校教育洗腦太嚴重的人，才會認為「不答出『正確答案』會被罵」。在成人參加的講座裡，順著流程適時裝傻也是一種回答方式。

結論　既然對方誘導，就順他的意

20

「什麼意思」1：請你講重點

日常生活中，經常會有「不知道對方要問什麼」的狀況。被問的一方只好回答：「雖然你問我是怎麼回事，但是不好意思，我真的無法回答。」

這是因為，雖然「不清楚的狀態」分為很多種，但是詢問問題的一方，往往都用「什麼意思」一言以蔽之。

問題39

「近期發生多起食物中毒事件，本店販賣的牡蠣是以獨特的管理系統全面監控。雖然，牡蠣是否含菌，也與所在海域的細菌數有關。另外，本店的牡蠣分為『生食用』和『熟食用』，並非與牡蠣的新鮮度有關，而是以殺菌處理與否來區分。經過殺菌處理的為『生食用』，未處理的為『熟食用』……。」也就是說，什麼意思？

✕ 不好意思，我的說明不夠清楚。所謂「獨特的管理系統」是說，我們與產地合作，從養殖的階段開始，就以電腦進行水質和品質管理，……。

○ 食用之前，先行烤過，就沒問題。

要是才說明到一半，就被對方用「什麼意思」打斷，那就請回想一下自己在這之前的說明。

像是這題的情況，會被打斷並不只是因為說明太長而已，說明過程一下講「牡蠣有細菌」（食物中毒、海域中的細菌），一下講「牡蠣沒細菌」（管理系統、殺菌處理），弄得對方搞不清楚到底有沒有細菌。

這種時候，請趕快說重點。

要是不小心以為「沒聽懂是因為說明不足」，而又更詳細的說明，結果只會被對方罵「我才不是問你這個」。

人的耳朵一次能聽取的情報有限。就算說話的一方覺得事情才剛講過，聽的一方也可能會完全沒聽到（雖然正確講是「不記得有聽過」）。即使沒有被對方直接問「所以是什麼意思」，要是看到對方的表情正在放空，就應該停止說明，立刻說出結論。

也就是說，什麼意思＝直接講重點

越是對說明內容沒有自信的人，越會在說明裡頭亂加一大堆資訊。因為「不想讓人覺得很膚淺」、「不想被發現說不清楚的部分」，所以會多加一堆沒必要的資訊來打馬虎眼。

此外，越是不想負責的人，說明也會越長。因為怕被罵說「該講的東西都沒講到」，就會想裝成一副「基本上都講過」的樣子，來擺脫責任。

因此，反過來說，能夠簡潔有力地只交代重點的人，將會帶給他人「自信負責」的印象。即使他的發言當中有些許錯誤也是一樣。

問題40　這份企劃書好厚，可以幫我說明一下？

✕ 請先翻開第十三頁。首先是這項企劃書剛開始的規劃，公司的銷售額已經連續四期上升了。但是目前的知名度，就如同第二十五頁的表格一樣……。

○ 為了提高公司知名度，我們想了幾個音樂活動的合作方案。詳細內容就請你有空時再看看企劃書。

前面錯誤的回答，從要主管翻開企劃書的那一刻，就確定出局了。

主管要部屬說重點，就是為了從每天堆積如山的資料中，選出他該仔細翻閱的。想想為什麼資料都寫在企劃書裡面，主管還要叫自己解釋的意思吧。

不需要當場把所有事情報告清楚。只要用一句話引起主管興趣，之後他自己會仔細去看。

結論 也就是說，什麼意思＝直接講重點

21 「什麼意思」2：請講我聽得懂的話

相對於因為話講太長而被問「什麼意思」，有時候話講太短也會被問「什麼意思」。這有可能是因為言談當中用了讓人聽不懂的字。特別是講了一大堆專業術語或外文單字的時候，聽的人臉上都會浮現滿臉問號。

講話的人之所以會用別人聽不懂的單字，或許是因為想表現出自己很能幹，但是很遺憾的，幾乎沒有人能夠得到如其所願的評價。反而幾乎都會被認為是「不懂裝懂」、「想用知識來嚇唬人」、「想掩蓋自己的沒自信」等等。

問題41

「Ammenity assessment以前的public involvement是很高priority的agenda。」請問，到底是什麼意思？

✕ 就是說，要讓assessment先public化的意思，不是嗎？

○ **就是要讓市民也參加居住滿意度調查的意思。**

不過是讓英文單字從六個字變成兩個字，不懂的部分還是讓人一樣想不通。這種時候所問的「什麼意思」，並不是在要求對方講重點，而是「要求講國語」的意思。

這並不是要否定所有的外來語，只許講國語。如果是像「無障礙空間」（barrier free）、「溝通」（communication）這種已經一般化的字眼就沒關係。但是像「評定」（assessment）、「優先順序」（priority）、「議題」（agenda）這些字，不知道的人就比較多。

每個人對於英文及專業術語的知識都不相同，它會因為成長的世代、職業、學歷、平常接觸的資訊而有很大差異。知道某個字並不是多麼厲害的事。應該要重視的是每個人都不相同這一點。

年紀較大的主管，或許會不熟悉近期常用的外來語。每天面對的客戶，通常也不會理解自己業內的專業術語。

這個社會就是這樣，越是付錢給自己的人，擁有的字彙與自己越不相同。

因此，盡量說對方也能聽得懂的話，會比較有利。

到底什麼意思＝請講我聽得懂的話

但是，問題就難在，當自己說到對方聽不懂的字時，對方並不一定會問自己「那是什麼意思」。一方面因為人會很不好意思說出「我沒聽過那個字」，另一方面也會覺得這樣自己好像與對方分出了高下。

因此，下次請先看著對方的臉，要是感覺對方露出滿臉問號的神情，就請換成任誰都能聽得懂的字吧。

問題42

「以勞動市場上男女共同參與社會發展為契機，無論社會上的性別差異，皆能擁有財富累積的機會，將使得家庭權力的移轉得以實現。」請問，這段話到底是什麼意思？

✕ 以男性和女性能夠一起參與社會為契機，不分社會上的性別差異，都能夠累積財富……。

○ 就是說如果媽媽也開始賺錢，將會變得比爸爸還厲害的意思。

同音異義的字會讓聽的人搞不清楚。寫在書本或稿紙上的文章，日文會以漢字和假名來交互使用。如果只用假名，ㄋㄚˋ ㄐㄧㄡˋ ㄒㄧㄤˋ ㄓㄨㄥ ㄨㄣˊ ㄗˋ ㄩㄥˋ ㄓㄨˋ ㄧㄣ ㄈㄨˊ ㄧㄠˋ，ㄏㄨㄟˋ ㄅㄧㄢˋ ˙ㄉㄜ ㄏㄣˊ ㄋㄢˊ ㄩㄝˋ ㄉㄨˊ。

日文寫成漢字和假名交錯的文字，可以說是讓單字和單字能夠在視覺上分離的一項大發明。因此，大多數人，在書寫時都會比說話的時候，容易不小心用上大量漢字或成語。就是因為這樣，才會使得日本人的文章閱讀起來變得非常難懂。

請將書寫時和說話時所用的詞彙做個區分吧。

結論 **到底什麼意思＝請講我聽得懂的話**

22

「什麼意思」3：請你不要跳太快

接下來，還是要繼續談「別人說的『什麼意思』到底是什麼意思」。

前面兩則當中說過，話太長時，要整理重點；用語太難時，要換成容易懂的字。

但是，有的時候，即使話講得又短又容易懂，對方還是照樣會問：「啥？什麼意思？」

那是因為，對方雖然聽得懂，但是對於說話內容無法認可。

人很容易不小心忽略，自己認為理所當然的事，或者已經講過很多遍的事。

要是對方很熟悉自己的談話內容，那還能聽得懂自己在講什麼，但若是第一次聽說，就會覺得「你也一下跳太遠了吧」。

問題43 「討論需要遊玩」是什麼意思？

✕ 討論，就是指人與人交換意見、互相交流的意思；遊玩，就是指玩遊戲、看漫畫的意思，所以就是兩邊都需要的意思。

○ **就是說，一次充實的討論，不只要有形式、態度認真的討論，更要加入玩心與玩笑，才能為討論帶來嶄新觀點。**

又不是小學生了，並不需要說明什麼叫「討論」。這裡詢問的是，如何將「討論」和「遊玩」，這兩個看似矛盾的事情，結合成為「悖論」。要你解釋兩者間因果關係的意思。

畢竟一般人都會說，「要討論，就認真討論」。要是不將「遊玩＝（　　）＝

好的討論」的中間部分填補起來，別人就會因為「無法信服」、「理論太過跳躍」而感到煩躁焦慮。

反之，如果能將「遊玩＝（新的觀點）＝有創意的討論」中間的因果關係填上，別人就會覺得清楚。這樣才是人們所說的「有理論的說明」。

啥？什麼意思？＝請補上理論跳躍的空缺

當然，因果關係的連接方式，並非只有一種。這個例子也可以有其他的填法。例如：

「遊玩＝（打破內心的隔閡）＝和樂融融地討論」

其實，用來填入中間括號的答案，並不需要有多精實準確。只要那不足的部分有被補上，就能讓聽的人感覺「很有道理」。

日本俗諺當中，有很多像這樣「悖論」或「理論跳躍」的例子。

「要是急了，就繞遠路」就是「因為急而抄近路＝（容易發生事故或壅塞）＝繞遠路較安全」。

「貪小便宜浪費錢」就是「因為小氣買便宜東西＝（一下就壞要重買）＝浪費錢」。

「只要起風，賣木桶的就賺錢」就是……，因為會很長，就不再多解釋了。

問題44　「貨幣升值，打毛線的男性就增加」是什麼意思？

✕ 貨幣升值，國外高級毛線的價格就下跌……吧？

○ **貨幣升值，進口品就會變得比較便宜，男生在聖誕節喜歡送高級名牌給心儀的女生。這樣一來，就容易和情敵送重複的禮物，變得很不特別，女生也會覺得很膩。為了做出差別，男生就會開始挑戰親手打毛線。**

光是「國外高級毛線價格下跌」，並不能成為「男生」開始打毛線的原因。連結「幣值」和「打毛線男子」之間的括號並不一定只有一個。

因果關係的說明就像拼圖一樣，不要只看到眼前的東西，多運用一點想像力吧。討論，是需要遊玩的。

結論 啥？什麼意思？＝請補上理論跳躍的空缺

23

修飾語不是用來「裝飾」

推理電影裡的名偵探或名刑警，不會漏掉他人講的一字一句。

偵探：「從現場拿走被害人動物紋皮包的人，是你對不對？」

嫌犯：「我，我不知道！我根本就沒看過什麼豹紋皮包。」

偵探：「喔～，我只有說那皮包是『動物紋』，可沒有說它是『豹紋』喔。為什麼你會知道？」

即使是無意間脫口而出的一個字，也有可能隱藏著說話人的祕密、情感或背後關係等各種情報。知名的精神分析學者佛洛伊德曾經說過，從患者的言詞錯誤當中，可以解讀出患者隱藏的心靈創傷和心理糾結。

更何況是對方用在問題中的字眼，任何一個字都將具有明確的意圖。

問題45 關於日本行使「集團性自衛權」這件事，你怎麼想？

✕ 國家維護國民的生命財產安全是理所當然的。日本的自衛隊就是為了這一點而存在。所以討論自衛權是好是壞，是沒有意義的。

〇 **個別性自衛權，是為了保護國家安全，但集團性自衛權，則是為了保護同盟國免於受到他國攻擊，從而參與戰爭。因此，我反對集團性自衛權。**

請聽清楚問題所用的字。這題問的不是「自衛權」，而是「集團性自衛權」。「集團性」的相反是「個別性」。個別性自衛權指的是「保衛自己的國家」，但若「自衛權」前面加的是「集團性」，那就變成「保衛同盟國」，是完全不同的意思。

像這種「〇〇的△△」或「〇〇性△△」當中的「〇〇」，就叫做修飾語。

在字典裡，對於**「修飾」**這兩個字，是這樣解釋的：

一、美麗的裝飾。為使之好看而加以裝飾。

二、文法上，以某語句限定或詳盡其他語句的意思。

不知道是否因為學校教導「修飾語」是「裝飾詞」，很容易讓人以為它是「可有可無的字」。但在回答問題的時候，可千萬不能忽略它「限定語句意思」的功能。**「限定」這兩個字就代表，與其他有所區別**。

修飾語＝限定語

比方說，「美味牛奶」這個商品名，就暗示了這個商品與「（其他廠商的）比較不美味的牛奶」有差別。

又比方說，「憂鬱症」這種病，會讓人無時無刻都感覺情緒低落，但是「新型憂鬱症」，則會讓人在工作時感覺情緒低落，平常時間卻又充滿活力。因此，它很難讓身邊的人了解這是一種什麼病。

再打個比方，說到橄欖球的魅力，就會想到擒抱或並列爭球等球員激烈碰撞的畫面，但是「七人制橄欖球」就變成以傳球、跑步、一對一過人等個人技巧為運動重點。順帶一提，這項「七人制橄欖球」，已經被二〇一六年的巴西里約奧運列為正式比賽項目。

問題46 **請思考琦玉市申辦二〇二四年奧運應如何拉票。**

✕ 琦玉市有足以自豪的琦玉超級巨蛋。若要蓋新場館，也有很多土地可以使用。它既不像東京那樣混亂，又因為「鐵道之城」，具有便利的交通設施。若要舉辦奧運，琦玉一定比東京適合。

○二〇二四年的環境問題，將會比現在還要嚴重，屆時也會成為所有國際活動的共同主題。琦玉市是盆栽之城，是自然與人類融合的一個象徵。而且，二〇二四年也是盆栽師傅移居到此，建立起盆栽村的百年紀念。因此，琦玉市是舉辦奧運最適合的城市，屆時也是最適合舉辦的時機。

二〇〇〇年的雪梨奧運是「二十世紀該來南半球舉辦一次」，二〇〇四年的雅典奧運是「在二十一世紀的最初重返原點」，二〇〇八年的北京奧運和一九八八年的首爾奧運都是「亞洲人認為的逢八好運之年」，二〇一二年的倫敦奧運是「英國女王即位六十周年」。**只要能有「這一年，就該在這城市」的必然性**，不但**能增加說服力**，也能讓鉅額申辦費用一次集中投入。

結論　修飾語＝限定語

24

談到你的理想時，別提過去

報名大學推薦甄試、申請入學的時候，一定都要寫上以這所大學為志願的原因。工作面試也是一樣，面試官一定會問受試者選擇自家公司的理由。我在補習班裡教學生如何應對推甄、申請時，學生一開始會講出像這樣的理由：

「因為我媽建議我選這間學校。」

「自從我看了漫畫《麻辣教師GTO》，一直很嚮往當老師。」

「我原本想上的是醫學系，但是因為分數不夠，所以改選牙醫系。」

「不知為何，從小我就想讀這所大學。」

雖然我想，即將接受或正在接受各種工作面試的各位讀者們，應該不會也講出這種答案，但還是請大家回答下面這個問題。

問題47 請問一下，你為什麼加入棒球社？

✕ 高一的時候，有朋友找我加入。

○ 為了和同伴一起進軍甲子園[1]。

你覺得哪個回答比較「帥氣」呢？

問「為什麼」有兩種意思：

一、為什麼會這樣呢？＝過去的原因。

二、為什麼要這樣呢？＝未來的目的。

1 日本全國高中棒球選手權大賽的比賽球場，位於兵庫縣西宮市（關西地區）。

如果是職業選手上綜藝節目談小時候的回憶，回答「因為朋友找我加入」也沒關係。但如果是高中棒球選手，接受體育節目的專訪，就要回答後者，才不會在播出時被剪掉。

請搞清楚狀況，對方想問的是「過去的原因」，還是「未來的目的」。

為什麼？＝過去的原因＋未來的目的

很多人會把「志願理由」誤答成「過去原因」。或許是因為它又被稱做「志願動機」。

基本上，面試官對受試者的過去一點興趣也沒有。

他們要挑選的是，大學未來四年、公司未來四十年，所要接觸、相處的對象。他們唯一有興趣的只有「這個人將來能夠在學校裡（公司裡）有多活躍」。因此，受試者在回答時該注意的，並非是「過去的原因」，而應該是對「未來的願景」。

不過，有些事情就算是事實，也不可以在面試時老實說。

比方說，你參加公務員面試，面試官問你未來的夢想，你千萬不能直接跟面試官說：

「將來的夢想？沒有耶。我想當公務員只是因為它很安定。」

因為有區公所的人專注工作，市民才得以安心居住。如果是社會福利課的人，他們是否核准市民申請最低生活保障，甚至還會影響到人的生存。

無論什麼職業，都是因為造福於人，才有資格領薪水。這才應該是人們以這個職業為志向的目的。至少，面試的時候總得要這樣說吧。

請以**「將來想造福給誰」**做為志願理由，來告訴面試官吧。

問題48	**為什麼你到現在還沒找到工作呢？**

✕ 我比較晚才開始找工作，對於業界動態和自我認識都還很不充分的情況下，就先找了好幾家公司面試。

○我花了一年的時間在打工和當義工上，一邊也探究自己到底適合哪個行業，為了強化自己的能力，也考取了相關證照。現在回想起來，我覺得那是為了到貴公司工作，必經的一段迂迴之路。

即使過去失敗的「事實」無法改變，但它的「意義」可以事後添加、改變。

根據存在主義的說法，不光是未來的行動，過去的意義也能夠自由改變，人類才算是得到真正意義的自由。

既然如此，就讓我們為自己的過去，追加能夠讓自己也興奮不已的「目的」吧。企業想要找的人，並不是擅於分析過去的人，而是能將過去的失敗化為助力，懂得積極向前的人才。

結論 為什麼？＝過去的原因＋未來的目的

25

拿出根據，就會有說服力

當被主管問到「為什麼會這麼想」的時候，很多人只會回答「嗯～，我就是這樣覺得耶」，或是回答「靈光一閃想到的」，甚至還有人會回答「沒為什麼，因為我相信事情就是這樣」。

身為一個社會人士，在陳述自己意見或預測的時候，不能夠連「根據」也講不出來。

請記住，**沒有根據的意見，就只是一種噪音**。

不管是氣象預報員也好、股票分析師也好，甚至是算命師（先不管他們準不準確），只要能拿出根據，就會有說服力，就能夠把「預測」當成商品來賺錢。

不過，這種時候，「以什麼當做根據」也會對說服力造成很大的差別，並且能夠看出這個人的思考模式。

問題49 我們公司的品牌價值下降了？為什麼你這麼說？

✕ 商業雜誌有登我們品牌在走下坡的報導。全國最大BBS網站上也有很多抨擊的聲音。

○ 如果我們公司的吸塵器賣不好是因為性能或設計的關係，就無法解釋為什麼其他公司掛牌生產的同型商品會賣得好了。

很多人會以為，一講到「根據」，就必須拿出某處已經發表過的文獻或資料來佐證。但是，那樣的討論有一個缺點：當他的根據沒有資訊佐證的時候，被要求拿出「根據」的人就會什麼也講不出來（這有點像，雖然很會在家裡邊查邊寫報告，但是論文考試卻什麼也寫不出來的那種人）。

就算以「雜誌有報導」做為根據，別人也會說：「那樣的報導可信嗎？」現在到處都是做假的報導或被隱瞞的資訊，就連知名媒體或政府發言都無法信任，光是以「這裡有寫到」或是「某人有講過」做為根據，不會有任何說服力。

而且，講白一點，像這樣的一群人聚在一起，就不可能激盪出新的創意了。因為他們總是會以先前的例子做為根據。

根據＝理論的妥當性優先於個人意見

如同數學證明上常用到的「如果是A，那就與B矛盾」，推理劇裡也常出現「如果A才是真正的兇手，那就變成B在說謊」。**重點並非「是誰說的」，而是「是否合情合理」**。能夠有這種想法的人，即使手上的資料有限，也可以整理出自己的意見和根據。

只會以別人意見做為自己意見的人，和能夠自己思考理論妥當性的人。如果你是主管，你會想帶著誰一起開會？

問題50

甲：「你知道嗎？有兩顆蛋黃的蛋會孵出有兩個頭的小雞喔！」
你：「少騙人了。怎麼可能？」
甲：「我奶奶是這樣跟我說的啊。你怎麼知道她騙人？」
你該如何回話？

✕ 因為我從來沒聽過，也沒看過有兩個頭的小雞。你到底是哪裡少根筋啊？

○ 就算真的孵出兩個頭的小雞，也不知道那顆蛋的蛋黃是不是兩顆。就算確定是兩顆蛋黃的蛋好了，那時蛋也已經破了，沒辦法孵出小雞。因此，不會有人看過兩顆蛋黃的蛋，孵出兩個頭的小雞。

要證明東西真的「有」，就把實物拿出來，但要證明東西「沒有」，就會變得很困難。被控訴是色狼的人，很難證明自己被冤枉，因為很難拿出證據，證明自己「沒做過」的事。

請從事實當中去尋找「如果有（做）的話」會不合理的現象吧。

結論　根據＝理論的妥當性優先於個人意見

第三章

為什麼你有說服力？

所謂意見，就是提案。知道這一點，就能好好回話，讓主管覺得你很能幹。在會議裡的發言，有時會被「喔～」的就帶過去，或是換來噗哧一聲。有說服力的意見，和沒說服力的意見，有什麼不同呢？

26

這個問題值得討論嗎？

所謂「意見」，就是提案「來做△△吧」。

而「提案」，就是為某人的問題，提出解決辦法。

要有新商品的企劃提案，就必須客人對現有商品表達不滿。全家旅行的提案，是為了替孩子們排解無聊。

也就是說，如果被問到「你有什麼意見」，最正確的回答就是「因為○○是個問題，所以△△吧」。這個「因為○○是個問題」的部分，就叫做「問題提起」。

要是「來做△△吧」的提案，被主管忽視或退回，那麼問題可能出在「問題提起」的方法。

問題51 **目前舉辦的捷運禮貌活動。你覺得該改善哪些地方呢？**

✕ 我覺得應該處理那些用手機講話很大聲，或者耳機音樂很吵的傢伙。他們實在是很吵、很煩人。我也看不下去那些在捷運上化妝的女生。

○ **有些人不戴口罩就咳嗽或打噴嚏。要是在流感的傳染期，就會把病毒噴到到處都是。要是附近有小孩、孕婦或老年人，這可是攸關生命的問題。**

沒有說服力的問題提起，只會被別人說「不過這點事，有什麼關係」。

講電話或聽耳機的聲音，會對誰造成怎樣的「實際傷害」？或許隔壁的人會「覺得很吵」，但並不會因此失去什麼。

而且，並不是每個人都會因此感到不爽。有些人就是喜歡偷聽別人跟女友講電話、曬恩愛。難道你就不會好奇，年長一點的男性聽ｉｐｏｄ，到底是在聽韓流歌曲，還是懷舊老歌？有些人看到女生在車廂內化妝，還會想說「上班工作真辛苦」，為她們加油打氣。

即使是同一個行為，會不會感到不爽，每個人的反應都不一樣。

要是你提起的問題，都是有關「討厭」、「麻煩」、「生氣」、「不公平」、「男人的面子」等，純粹只是心情問題，別人就會視你為一個「小事也愛大驚小怪的傢伙」。

那麼，到底要怎樣提起問題，才會讓人願意聽呢？

問題提起＝與金錢、性命相關的事

要是提起的問題只會造成別人不愉快，那就會被說「有什麼關係」。但要是關係到某人的性命，就無法說「有什麼關係」。即使是會說「我才不需要什麼錢」的人，看到別人的財產被剝奪，也無法向對方說「這有什麼關係」。要是這麼說，可能會被懷疑精神有問題。

提起有關性命或金錢的問題，就很難被他人否定。

問題52

網路世代的年輕人，就算是寫報告，也都只靠谷歌搜尋和複製貼上。對於這樣的風潮，你有什麼感想？

✕ 新一代的年輕人太小看這個世界了。我們那個時代都是去圖書館翻目錄找書來抄寫的。不但培養出我們的毅力，也讓我們養成思考的習慣。現在的年輕人會這麼軟弱，都是網路害的。

○ 用複製貼上做報告，很容易侵害到引用來源方的著作權。如果只是公司內部資料還沒關係，要是公開發表的資料，被對方要求損害賠償時，還會傷害企業信譽。

即使是同樣的行為，看的角度不同，重要性也會不同。如果只是「軟弱、沒有毅力」，並不會對人造成困擾。請從如果對他們的行為放任不管，最終將造成何種實際傷害的角度來思考吧。

結論 問題提起＝與金錢、性命相關的事

27

更換「主詞」，主管就會改變心意

所謂的「麻煩」，只是一種「心情」。對於不同的人而言，這個「麻煩」，也有可能會像每年到了暑假最後一天，被迫要含淚熬夜寫作業一樣，極力想要反抗的一種「心情」。

我之所以能這麼說的證據，就是擺在書店商業書區的那一大排，寫著像是《拿出鬥志的一百零八種方法》、《徹底改變怕麻煩自己的方法》的那一堆書。對一般人來說，「麻煩」就是很嚴重的一個問題。難道就沒有辦法讓它成為討論的議題嗎？

問題53

在餐廳實習，除了幫忙廚房，還要負責打掃、發放傳單，每天跑進跑出幾十次。請想辦法說服店長，讓他將老舊沈重的店門換成自動門。

✕ 我們一天至少要開關那扇門二十次，一年下來就是七千三百次。不但手上磨出水泡，手臂也練出肌肉了。這樣下去會造成過勞死。拜託店長，把它換成自動門好嗎？

○ **那扇大門很重、很難推動，坐輪椅或推嬰兒車的客人會不敢進來。為了增加店裡家庭聚會的客人，要不要把它換成自動門？**

為了讓問題「攸關性命」而端出過勞死，但是再怎麼樣，一扇門並不會造成過勞死。而且，光是這種程度的問題就要吵成這樣，未來也不可能在廚房裡擔負重任。對於未來的大廚來說，很重的門也是修行的一部分。

這樣大聲訴苦，發揮不了任何的說服力，這是因為訴說問題的主詞，是用覺得麻煩的「自己」的關係。

試著用「客人」當做問題的主詞吧，或者也可用「經營者」當做主詞。

改變立場，就能讓問題變成「與金錢相關的問題」。

問題提起＝轉換主詞來思考

把自己覺得麻煩的心情隱藏起來，試著用他人的性命或金錢做為題材來提出問題吧。

原本的「（我覺得）公司制服很難看」，改成「因為制服難看，優秀的大學畢業生可能會轉往其他公司任職」。

原來是「公司的促銷方案太複雜（要記住很麻煩）」，換成是「每次新工讀生進來都得上課，花費太高」。

本來想說「因為現場的人際關係很不好（待起來很不舒服）」，換成說「因為現場人員不會互相打招呼，安全確認不足很容易導致意外」。

會議上主管常常會說「換個角度吧」、「多方面檢討吧」，這些抽象話語的真正意思，其實講白一點就是**「換個主詞吧」**。

問題54

針對少子化，如何提高出生率呢？

✕

邀請有育兒經驗者或幸福夫妻召開演講會，讓他們告訴年輕人結婚、生小孩的美好。這樣一來，年輕人就會改變心態，願意結婚、生小孩的人就會增加。

○

待機兒童問題[1]、學校霸凌、育兒的經濟負擔等等，現在的社會，不管對小孩也好、對母親也好，有太多問題。要是創造出讓小孩幸福的社會，原本猶豫的人也會變得想生吧。

1 指托兒所拒絕家長申請，導致小孩沒有托兒所可讀的社會問題。

不生小孩的女性，可以分為「不想生小孩」和「想生不能生」。小孩也可以分為「還沒有生出來」和「已經生出來」。

為了轉換主詞思考，將主詞分類也是很重要的。

結論 問題提起＝轉換主詞來思考

28 悔恨不能解決問題

豐田汽車內部有一套知名分析原因的手法，就是「問五次為什麼」。像是：「為什麼會發生故障？」「為什麼會混入強度不足的零件？」「為什麼只有這間工廠會做出不良品？」「為什麼只有這個時段的產品檢查不夠周延？」「為什麼工人的排班沒有秩序？」都能夠思考到，就可以找出問題發生的真正原因，找出最根本的解決對策。

順帶一提，手機大廠摩托羅拉則是比豐田汽車再多上一次，用的是「問六次為什麼」。其他還有問七次或八次等各種流派。先不管是不是問越多次越好，「打破砂鍋問到底」的這種態度，在任何生產現場應該都一樣。

不過，要是把這種態度套用在別人身上，不少人會走錯方向。

問題55 為什麼你會有這麼多的負債呢？

✕ 我在金融海嘯期間，被公司裁員了。當時公司的裁員對象，都是泡沫經濟時期進入公司，不用努力就找到工作，那一世代的人。說到底，我會變成這樣，都是因為我是獨生子，從小仰賴著父母親。我果然是個沒用的人，讓我誕生在這個世界上就是個錯誤吧。

○ 我每個月打工賺的錢，大約只有三萬元，卻住在租金五萬元的房子。因為以前上班時買了很多家具，捨不得搬到便宜的公寓去。不肯丟掉家具的原因，是因為害怕失去身為精英的那種自信。

趕快把你的自尊跟家具一起扔了，搬到月租一萬元的公寓去吧。

雖然沒被生下來就不會欠那麼多錢，但都長那麼大了，也沒辦法再回到過去。仰賴父母也好，不努力就有工作也好，這世上沒有時光機讓你重來。

對過去悔恨，不能解決任何問題。

原因分析的「為什麼」有兩種意義。

一、為什麼變成這樣？＝過去的原因。

二、為什麼還不改正？＝現在的狀況。

雖然過去無法改變，但現在可以。如果想做有建設性的原因分析，那就不該想「為什麼會欠債」，而應該想「為什麼到現在還無法還錢」。

原因分析＝「現在的狀況」，而非「過去的原因」

如果夫妻關係面臨危機，該檢討的不是「為什麼丈夫兩年前會外遇」，而是「為什麼丈夫的道歉會讓太太無法接受」。

得了肺癌的人，該想的並不是「為什麼自己會抽菸變成這樣」，而是「為什麼這個抗癌藥沒有效」。

當然，反省過去還是很重要的。那是為了避免下次遭受同樣的失敗，和解決眼前的問題是兩碼子事。

問題56 為什麼日本人從小開始學英文，卻沒辦法講英文？

✕ 因為日本人從小就用日文生活，並不習慣英文發音。他們是島國的農耕民族，因為長期鎖國，對外來文化的適應能力不強。

○ 因為日本人的英文，是把每個單字拆開後用日文念法來讀，不像以英文為母語的國家，會把每個單字串連在一起讀。

把自己不會說英文的原因怪罪給過去，而把重來的機會託付給自己的孩子，讓他們一出生就去上英語課等等。

現在是，辦公室突然就規定只能講英文的時代。

已經不是讓你怨父母、恨祖先的時候了，還是趕快矯正好自己的發音、學好英文吧。

結論 **原因分析＝「現在的狀況」，而非「過去的原因」**

29

改變不了的是別人的心

網路上的人際關係，是一件很難處理的事情。家人面前的形象、公司裡的形象、朋友面前的形象，人們總是對著不同的人用著不同的形象，但是在社群網站上，這些關係會被攪和在一起。明明是跟朋友抱怨事情，主管卻在底下按一個「讚」，或是為了回覆一堆應酬的留言，佔去自己一大堆時間。

像這樣的缺點，到底要算是使用者自己的問題，還是系統問題呢？

問題57

新興社群網站的使用者禮儀引發問題。許多人發出朋友申請，導致被申請的一方不斷抱怨「被不認識的人申請好友」。請問應該如何解決？

✕ 網路上不用露面，所以以自我為中心的人就越來越多。這些人不會去想「別人收到這樣的申請會怎麼想」，缺乏考量他人的心情。建議發起「申請者請留言」的活動，好好啟發那些初學的使用者吧。

○ 介面上「好友申請」的按鈕和「發訊息」的按鈕分開設立就是個問題。任誰都會覺得要開兩個視窗很麻煩。將「發訊息」和「好友申請」的按鈕整合起來就好了。

雖然「自我中心」或「欠考量」的人的確可能越來越多，但光是以這些「心得」做為原因，並不能解決問題。

因為**人眼所看不到的「心」是無法改變的**。

對方不理你，不管你怎麼跟對方說「請你喜歡我」，對方的心情也不會改變。面對不想買單的客人，就算心裡用念力對他說「變想買、變想買」，也是沒有用。對於沒有幹勁的業務員，就算罵他「給我拿出精神來」，他也只會越來越沒力。

他人的心是你改變不了的。雖然這世上多得是不懂這個道理，以無限壓力去苛求別人的家長、老師、主管或銷售員。

改變不了的東西就放著，從改變得了的東西來下手比較務實。

原因分析＝架構，而非心得

所謂架構，就是指東西的設計、機能，或是社會的規則、程序等等。

房間亂七八糟不是因為「懶」，而是因為「還沒決定收納的地方，就先買了東西」。明明有工作，卻申請最低生活保障的人，不是因為「卑鄙」，而是因為「計算收支之後，保障金額比薪資還多」。有人印章每次都印歪，不是因為他「心理扭曲」，是因為「印章設計不良，不好蓋」。

與其以說教或罰則來改善這些事，還不如改變架構。

問題58 **近來兩位市長因為貪污下台，他們在選舉時都以清廉形象著稱。為什麼會發生這樣的事呢？**

✕ 以清廉形象欺騙市民，將市政私有化的人最糟糕了。選民也沒有看人的眼光。好想讓那些打從心底為市民著想，能夠公平公正參與政治的人物站出來。

〇 **原本清廉的政治人物，一旦接受特定企業或團體支持，就等於是打開了方便之門，非得讓這些企業、團體佔到一些便宜不可。因此，問題出在選舉制度太過花錢，很難不靠金援，獨自奮戰。**

要是只有一人，或許還是個人的心態問題，但是**連續兩人就是架構問題**。俗話說「有二就有三」，就是因為放著腐敗架構不管的緣故。

與其等待聖人君子出現，改革選舉制度還比較快速。

結論 原因分析＝架構，而非心得

30 突發奇想不被認為是「擺爛」

「好的點子」和「瘋狂點子」只有一線之隔。

現代人認為理所當然的疫苗，是從「將病原體注射進入人體」這個瘋狂想法來的。事實上，十八世紀末，愛德華．金納（Edward Jenner）醫生發明牛痘疫苗預防天花時，也受到當時人們的強力反對，因為人們認為「人種了牛痘，會變成牛」。

四平八穩、沒有人反對的創意，無法打破時代的封閉感。請盡力挑戰瘋狂與危險吧。

話說回來，一項創意會被認為是「瘋狂」，還是被認同是一個「好點子」，取決於我們如何說明它。

問題59 請提出讓年輕人願意買車的方法。

✕ 讓顧客參與車體設計。現在都有3D印表機了，在技術上是可行的。乾脆舉辦一場設計大賽，獎品是頂級車用音響。

○ 我認為客人需要的是，更自由的車體設計，而不只是從既有設計當中挑選。至於具體方案，我覺得可以從顧客的設計圖中，抓出一點設計在車體上，進行這樣子的半客製化。

若以現實來考量，後者的提案一樣有許多值得懷疑、提問的地方，像是車體的安全和製造成本、一般民眾能否做出像樣的設計等等。

但是，就前面講到的「設計的自由度」來說，確實很難讓人加以否定。因此，即使反對這項點子的人，也只會就方案的細部重點追加要求，或是基於相同目的，設想別的方案，討論將能夠積極進行。

意思就是，這一棒即使打不出全壘打，至少是支安打。

至於前者，一開始就提出說「讓顧客做車體設計」，將會讓人搞不清楚「這個點子的目的是為什麼」。於是，別人會以為提案只是要標新立異，而大罵說：「開什麼玩笑！你懂什麼？」

解決方案＝大體方針＋具體細節

像這樣分為兩段構成的提案方法，在公務員的論文考試和大學聯考的小論文上特別有效。

論文考試可能會以「鄉鎮活性化該採取的行政方案」為題，要求考生寫出有創意的解決方案，要在時限之內想出點子，是一件很難的事。

經常會發生，還沒寫出半個方案時間就到了，或是不小心就離題的狀況。

但是，**只要正確表達大致的方向，至少就會及格**。即使之後的具體細節不太足夠或離題，也不至於被大扣分。

問題60 請提出能讓兒童虐待減少的方法。

✕ 將孩子帶離那些不懂得養育小孩的父母。要是不管這些孩子，他們就太可憐了。再來就是，讓他們給別人認養。

○ 有些人想要孩子卻生不出來，拚了命地在做不孕治療，有些人則是不想要小孩卻懷孕，生出來也不好好養，我們應該要改正這樣的不平衡。將孩子帶離那些不想養育他們的父母親，再盡可能讓他們到懂得珍惜他們的人身邊當養子。

在重視家族延續的江戶時代，和重視基因延續的現代，養子的意義並不相同。這個提案有可能會掀起不小的波瀾。

但是，前半提到的，這世上存在「得不到孩子的人」和「不想得到孩子的人」，這點讓人無法否認。

因此，如果想要反對這項提案，就必須想出除了養子以外，能夠讓兩方都得到幸福的方法。

結論 解決方案＝大體方針＋具體細節

31 不要提出本末倒置的解決方法

垃圾分類做得不好。那就從小學開始多培養孩子的環保意識。
霸凌問題一直出現。那就從小學開始教導學生生命的重要。
選舉的投票率很低。那就從小學開始教導學生重視選舉。
有些人就是，不管社會上發生什麼問題，都會把原因怪罪到「教育做得不好」、「學校教公民與道德的時間太少」。
就算小學真的能做到這樣，對孩子進行教育（洗腦），在這世上大多數的人，還是大人。況且，等這些孩子長大成人來改變世界，至少還要等上數十年。
靠「小學教育」來改變世界，未免也太沒效率了。

問題61 請提出減少車站發生事故的方法。

❌ 每個車站配置一位心理諮商師，為想自殺的人做心理治療。如果是因為失業而對未來失去希望，就讓鐵路公司雇用他們。

⭕ **讓車輛在進入月台之前減速進行，一方面避免有人不小心掉落月台，另一方面，想自殺的人也會因為覺得死不了，而不會跳下月台。**

配置心理諮商師也好，雇用失業者也好，都無法處理有人因為喝醉酒而掉落月台，或者人太多被擠下去的情況。

鐵路公司的目的是「避免乘客發生事故」，為想自殺的人做心理治療並不在管轄範圍內。

像這樣，把發生事故的人，全都認定為是「想自殺的人」，再提出一些「讓自殺從這世上消失」的人道主義看法，只會讓解決方案越來越往奇怪的方向去。

解決方案＝與問題點不互相矛盾

考數學的時候，就算算出答案，在寫上考卷之前，也要再驗算一次。

解決問題也是一樣。**每次想到解決方案，都要再檢查「是不是真的有效」**。

製作人本來想做的電視節目是「能讓觀眾開心的節目」，卻在不知不覺中變成了「讓贊助商打廣告」；本來是一場「判斷是不是兇手」的審判，最後卻變成爭論「檢察官的種族偏見」；論點走偏（或是故意偏離）是常有的事。

就算是說，因為地球暖化會溶解南極的冰山，造成企鵝的生態問題，所以要多種樹，但是等到樹苗長大能吸收二氧化碳，使地球溫度下降，不知道要等多少年。不如先讓企鵝搬家還比較聰明。

問題62

有一間寺廟因為報導使得訪客激增。訪客將車停在附近名產店的停車場，導致停車場大客滿。這讓名產店的老闆非常憤慨。請解決這個問題。

✕ 在寺廟的土地上蓋停車場，對停在名產店的車開罰單就好了。還要裝監視錄影器。

○ **有那麼多人來參拜，卻沒有人進去名產店逛，那應該是店本身的問題。把名產店的外觀陳設改一改，讓停車的人想要購物就好了。**

「把亂停車的人趕走」和「讓人進來買名產」，哪個才是店主人真正期望的事？只要是有點生意頭腦的人，都會選擇「讓人進來買土產」吧。但是，人只要一注意到眼前的問題，就會忘了本來的目的。尤其是喜歡「善惡」、「正義」、「講道理」的人，更要特別留意。或許真的把停車場趕到一台車也不剩，他們還會站在中間大喊「太好了」也說不定。

結論：解決方案＝與問題點不互相矛盾

第四章

找出討論沒交集的原因

現實中經常會發生，對彼此主張充耳不聞，討論無法達成共識的情況。

但是，討論這種東西，只要能找到交集，就一定會有結果。大多數時候，原因存在於彼此的「用詞」當中。

32

窺探一下小屁孩的「為什麼」腦袋

過了三歲之後，小孩子就會開始愛問「為什麼」。他們的麻煩之處，不，頑強之處不只在於他們問「為什麼」的次數，更在於他們會不斷詢問一些「不必回答，也覺得理所當然的事情」，以及就算「剛剛才說明過的事情」，他們也會重複問上好幾遍。

雖然說他們這樣的確會惹得大人心生厭煩，但是我們偶爾也來窺探一下他們的思考模式吧。

問題63

小屁孩：「為什麼冬天會下雪？」
你：「天氣冷把雲裡的水冰凍了，所以下雪啊。」
小屁孩：「到底為什麼會下雪啊？」
請回答這個孩子的疑問。

✕

都跟你說過了。你看，雪融化了會變成水，對不對？所以雪是一種冰，懂嗎？雖然平常會下雨，但是因為冬天冷，所以雨結成冰，再化作雪。要我講幾次才懂啊？

○

雲裡面的水結凍的時候，會形成一種結晶，就像樹枝一樣不斷伸長，中間會有很多空隙。所以不像硬梆梆的冰塊，而會變成軟綿綿的雪。

講過一次聽不懂的說明，多講幾次還是聽不懂。八成是因為彼此對問題的認知有落差，有怎麼說明都無法理解的地方吧。

這種時候，**最好的方法就是直接問對方**：「到底要怎樣，你才能理解呢？」

當然，要是小屁孩一開始就問：「為什麼冬天下的不是冰雹，而是雪？」這樣最好，但對方畢竟還是個孩子，應該由大人找出問題的真正涵義才對。

沒有交集→問對方怎樣才能理解

公司前輩：「學弟，要不要幫我把幾份資料打到電腦裡？一頁二百塊錢。」

公司晚輩：「好少哦！沒想到學長那麼小氣耶。」

公司前輩：「你才是勒，怎麼就只想到錢啊？」

對於擅長電腦的前輩而言，打字不過是「幾分鐘就能解決的事」，所以覺得二百元已經很慷慨了。但是對於不擅長電腦的晚輩來說，卻是「非常花時間和腦力的重度勞動」，所以會覺得二百元根本划不來。

這個時候，如果雙方沒注意到彼此對於電腦輸入作業辛苦的認知落差，就會認為對方「死要錢」，很容易演變成說對方壞話的局面。

問題64

小屁孩：「為什麼美國稱為『米國』，英國卻叫『英國』啊？」
你：「我們以前稱呼美國『亞米利加』，英國『英吉利』啊。」
小屁孩：「為什麼美國是用『米』，英國是用『英』呢？」
請繼續回答這個問題。

✕

因為「亞米利加」和「英吉利」寫起來太麻煩，所以縮寫成兩個字啊。就跟明朝的中國稱為「明國」，韓國稱為「朝鮮」一樣，「米國」和「英國」比較簡單。

○

英國國旗代表的是聯盟旗，不是「米」這個字喔。

不講理的人，也會有三分道理。發明大王愛迪生小的時候，曾經因為不能理解「1＋1＝2」而搞得老師很困擾，最後他才上學三個月就被退學了。據說那時，小愛迪生給老師的理由是「因為一團黏土加上一團黏土，會變成一大團黏土，不是嗎」。

就算我們在職場上經常遇到一些「話講不通的人」，若能試著去理解一下他們的思考模式，或許會發現被自己眼睛被蒙蔽的事情也說不定。

結論 **沒有交集↓問對方怎樣才能理解**

33 說「自己負責」其實是「不負責任」？

二〇〇四年，伊拉克戰爭爆發之後，發生了多起日本人被當地武裝勢力綁架或殺害的事件。當中也包括一些外交官或戰地記者，為了職務深入危險地帶卻不幸喪命，讓人感到十分惋惜。

然而，在這麼多起日本人的綁架事件當中卻有一件，引發了日本國內奇妙的爭論。有三位自稱是「義工」的日本年輕人，不理會國家發出的警告，堅持進入伊拉克而遭到綁架。國內的政治人物紛紛發言說「是他們自己的責任」，從而引起反對他們的人責罵政府「不負責任」。

問題65 **前往戰地被綁架的年輕人該「自己負責」嗎？這樣說的政府「不負責任」嗎？**

✕ 保護人在海外的國民，本來就是政府的責任，不是嗎？把這説成是「自己的責任」，要被害人自己負責，這樣的政府根本就是逃避責任。

○「自己負責」的意思是，捲入事件的原因在於他們自己。但是，救出人質就是政府的責任，而政府也已經為這個「責任」盡了相當的努力。

這個爭論沒有交集，是因為「責任」有兩種意義。字典對於「責任」，是這樣解釋的：

一、自己接下的非執行不可的任務；義務。
二、對於與自己有關的事情或行為所產生的結果，所負的義務或補償。

前者的意思是**「誰來善後」**，後者則是**「誰的過錯」**。

雖然這兩者看起來好像是同一件事，但實際上，有時卻不能當成是同一件事。比方說，假設有人弄壞別人的東西，那就該由弄壞的人負責賠償。這種時候，「造成原因的人」和「負責善後的人」就是同一個人。

但是，假如弄壞東西的人是小孩，因為小孩的零用錢不夠賠償，所以會由他的父母代為賠償。這個時候，雖然「造成原因的人」是小孩，但是「負責善後的人」就不是小孩，而是他的父母。

日本人綁架事件時政治人物的發言，屬於哪一種呢？

保護海外日本人的生命，是日本外務省（外交部）最重要的一項工作。而且，整件事情由日本政府「負責善後」，更是從一開始就決定好的大前提。也就是說，政府相關人士所說的「自己負責」，是「救援由日本政府負責，但事件發生的原因是他們自己」。

然而，有一部分人卻不管這些，擅自把它解釋為「要他們自己解決」的意思，因此造成軒然大波，引發熱烈爭論。

問題66

行銷負責人：「這個英語教材的好處（benefit）是什麼？」
製作負責人：「好處就是，多益測驗考到八百分。」
行銷負責人：「好處倒底是什麼呢？」
請問，你該如何回答他？

✕ 你大概不知道吧，多益測驗的滿分是九百九十分，能夠考到八百分以上的，只有全部受試者當中的九％而已。

○ 那就改成，能夠交到外國的異性朋友，受到朋友的崇拜羨慕。

字典裡查「benefit」這個字的意思是「利益、好處」。因為題目中的一方是英語教材製作負責人，所以會照字典裡正確的意思，回答說是「多益能考八百分」。

但是，在廣告行銷的世界裡，「benefit」這個字則有「因此達成的心理或願望」的獨特意思。

換句話說，這題所要問的其實是**「要是多益考到八百分，人生能有多美好」**。

要是覺得說話沒交集，除了「先跟對方確認一下」以外，確認對話當中用到的單字意思也很重要。

結論　暫停一下對話，確認用詞的定義吧

34

讓贊成派和反對派都接受的「妥協點」

職場上的地位只要稍微提升，就會被分派負責調停不同的利害關係。能夠被分派到這種工作，等於是一種被上司仰賴的證據，所以請開心地接下它吧。

不過，要是贊成派和反對派完全對立，彼此都對對方的話充耳不聞、互不退讓的話，這種情況可是相當麻煩的。完全要看負責調停的人的技巧。

但是，近年來的選舉已經讓人深刻體會到，多數表決的結果並非永遠正確，但是若提案「猜拳決定」，則會被雙方罵得半死。

那麼，到底應該怎麼辦才好呢？

問題67

某所國中正在討論：是否允許學生帶手機到學校。贊成派認為，攜帶手機是為了孩子的安全；反對派則認為會妨礙學習。你認為呢？

✕ 讓青春期的孩子帶手機一點好處也沒有。不讀書就算了，要是用手機上交友網站，還會被捲入犯罪活動。所以我反對。

○ 上下學的時候為了安全，應讓學生帶手機；白天上課的時候可能會妨礙學習。因此，上下學時允許學生帶手機，上課時交給老師保管即可。

當兩種意見產生對立的時候，通常兩方多少都會有些道理。而且，無論是採取哪一方的意見，都會留下問題。

因此，調停的人就算支持某一方，能夠有的說服力也很弱。

這種時候，與其單純表明自己是「贊成」或「反對」，不如公平判斷雙方的主張，做個折衷。

這樣才是成年人該有的態度。

尋找雙方對於「何時」、「何地」、「何人」的差異

以帶手機這件事來說，贊成派認為有需要的是上下學時間。而這一點，反對派的人其實無法反對。這就是重點。

反對派堅持的根據是白天的上課時間。贊成派的人也無法否定。

換句話說，這項問題的討論沒有交集，是因為需要手機和不需要手機的時間、場所不同，卻沒有加以區別，就討論起「贊成帶手機到學校與否」這個問題。

反對調漲消費稅的人，大多數都只是反對一〇五日圓的麵包漲到一一〇日圓，卻不反對二千一百萬日圓的法拉利漲到二千二百萬（雖然到一九八九年為止的物品稅，對於

「哪些東西算是應課稅的奢侈品」的判斷更是複雜）。

日本反對購買美國魚鷹式運輸機的人總會說「要是它墜落在農村裡，就會很麻煩」，卻不反對它能「登陸竹島、釣魚台」的軍事功能。既然如此，就讓航空母艦停在遠離陸地的地方，讓它只能飛在海上就好了。

要是做出只買一架飛機這種不上不下的事，並且聲稱這是「折衷方案」，對雙方都沒有好處。

問題68

該解決核能問題了。請問，該如何解決？

✕ 根據民調，贊成和反對核能電廠再啟動的人各居一半。有人擔心電力不夠，有人擔心事故發生，所以就啟動一半的核子爐吧。

○為了維持日本生活水準的電力需求，將來還是要有核能電廠。不過，當然是要找到能夠安全運作核能電廠，發生事故能確實處理的企業之後的事。

「是否需要核電廠」和「由誰營運」是兩碼子事。

贊成派當中，八成也會為了「該由哪個企業負責」而立場分裂；而反對派當中，或許也會出現「如果能由良好的企業負責，我並不反對核能」的人。

若是將問題細分，「贊成」和「反對」的界線也會跟著改變。

結論　尋找雙方對於「何時」、「何地」、「何人」的差異

35

如何回答「為什麼不能殺人」

「為什麼不能殺人」這個問題，可以說是沒有交集討論的代表。

一九九〇年代後期，青少年殺人的案件遽增，某位少年發表的言論，引起了社會上的巨大騷動。他顛覆了當時社會所有的價值觀和秩序，人們只能接受這個嚴重的事態。

如果跟他說「沒有人被殺時不會痛苦，也沒有人會喜歡被殺」，他會回答「別人痛苦關我什麼事」。如果告訴他「允許殺人就表示，你被殺了也沒關係」，他會回說「正好，反正我也想早點死」。

面對這種連自己性命都放棄的人，是無法和他溝通的。

問題69 為什麼不可以殺人呢？

✕ 不能做的事情就是不能。這件事情從以前就是這樣。有你這樣的笨蛋小孩，你母親在老家可是會哭泣的喔。趕快清醒一點，做個堂堂正正的人吧。

○ 這個問題本身就是錯的。日本刑法並沒有規定「不可以殺人」。刑法第一九九條寫道：「殺人者，將處死刑、無期徒刑或五年以上有期徒刑。」如果你想用殺人換取那些刑罰，那是你的自由。只不過，因為會對他人造成困擾，所以我們會盡全力阻止你。

「為什麼不能殺人」這個問題為什麼很難回答呢？並不是因為「生命的重量」或「同情他人的痛苦」那種抽象的倫理問題。

對話沒有交集的原因，在於「命令句」的文法。

試著改變問題的形式

基本上，以「殺人方」為主語說出「（你）不可以殺人」的那一刻開始，就註定我們會做出「想改變他人意念」這個不會有回報的努力。這種「給我做……」或「不要做……」的命令句，要有「不然會有某某損失」的罰則才能成立。被揍也好、被罵也好、被殺也好、金錢地位被奪走也好，只有不想接受這些罰則的人才會遵從命令。

但是像前面那種拋棄一切的人，再怎麼樣的罰則也剝奪不了他任何東西。因此，命令句才會從原理上就不適用。

這種時候，請試著改變問題的主語吧。

不是回答他說「為什麼我不可以殺人」，而是回答他**「為什麼社會對殺人處以最重刑責」**。

如果主語換成「社會」，就沒有必要再聽殺人者講一堆話。「為了保護重要的人」也好，「為了維護社會秩序」也好，「因為會讓人火大」也好，反正是社會主流的看法，跟殺人者怎麼想一點關係也沒有。

況且，會問「為什麼不可以殺人」的少年，也不全然是自暴自棄的人。當中也有對他人在乎的人。

問題70　為什麼不可以殺人呢？

✕ 你還年輕，不懂得失去重要的人的那種悲傷痛苦。當你了解那種心情，就知道為什麼不可以奪去別人寶貴的生命了。

○我了解你想要殺掉壞人的心情。但是對方到底是不是壞人，是不是真的壞到應該殺掉，如果不客觀調查，或許就會誤殺。因此，這個國家才會禁止人民動用私刑，交給警察和司法處理。

沒錯。這個時候的問題就變成了「為什麼不可以（自己）殺（壞）人」。問問題的少年不一定是走火入魔了，也有可能是因為充滿了強烈的正義感。

「為什麼不能殺人」這個問題會引起巨大騷動的真正原因，其實是**文法問題**。因為對方是不適用於命令句的特殊對象，問題當中省略掉了「是誰、把誰」，所以才會變成「與生命有關的問題很困難」。

結論　試著改變問題的形式

第五章

得到職場認同的寫作與說話法

能在職場上獲得認同的「機會」，並非只有口頭回答問題時，還有許多方法，包括文章、簡報等等。做為前面的補充，最後一章將為大家介紹職場新人必備的寫作與說話方式。

36 商業文書中不需要有「我」

很多人都說自己「不會寫文章」。

但是，相對於「不會游泳」的人很具體地知道自己「做不到什麼」，例如：知道自己「不會換氣」、「游五公尺就會沉下去」等，「不會寫文章」的人卻說不出來自己文章的具體問題，只會覺得自己「就是不會寫」。

尤其是，正在找工作的學生最常找我諮詢的煩惱就是，「覺得自己寫的文章很幼稚」、「怎麼寫都覺得像是學生作文」。

他們自己也不曉得，到底是文章的哪個部分讓他們感覺到「幼稚」。

問題71 **你正在研究牛排套餐的餐後甜點。請寫一篇柚子冰沙的推薦報告。**

✕ 我認為柚子冰沙最適合。吃完牛排之後，口中會很油膩，所以要搭配冰沙的脆爽，以及柚子的清香酸甜。它的味道、香氣不會太強烈，放在套餐裡不會讓人覺得奇怪。

○ **柚子冰沙是最適合放在牛排之後的甜點。不同於冰淇淋的綿細，粗顆粒的碎冰可以帶走口中的油膩感，柑橘類的香氣和酸味也會給人清涼感。它的味道、香氣和其他料理搭配不會太強烈，可以保持套餐整體的平衡。**

正式的文章不需要有「我」這個主詞。

所謂正式的文章，就是指論文、報紙新聞、報告書、工作上的郵件等。這些文章的目的，是要正確地，也可以說客觀地說明事物。要是文章當中參雜著寫作者的主觀意見，就會被人懷疑「說明的正確度」。因此，在寫正式或客觀的文章時，不可以用「我」做為文章中的主詞，而是要以事物做為文章的主詞。

不可以寫「我覺得柚子冰沙最適合」，而應該寫「柚子冰沙是最適合的」。不可以寫「（我）覺得不會奇怪」，而是要寫「能夠保持平衡」。

文章讓人有「就是覺得很幼稚」的根本原因，就是因為「我」這個字。小學一開始教學生寫作文造句都是「我……」，因為老師只會要求小學生寫他們生活半徑五公尺以內的個人經驗。

客觀的文章＝不是以「我」，而是以事物為主詞

我在教論文指導時，最常被問到的一個問題就是「用『我覺得……』來寫主張會覺得太弱，但是用『……就是……』又覺得太強硬，該怎麼辦」。

其實，這根本不是主張太強或太弱的問題。而是**主詞是以「我（主觀）」還是「事物（客觀）」角度的根本不同**。

問題72

請將下列文章改為新聞報導：「昨晚八點過後，縣道四號線發生了小客車和卡車的相撞事故。駕駛小客車的上班族A先生現在醫院痛苦不堪。駕駛卡車的B嫌犯則以現行犯逮捕。似乎他在駕駛之前有喝過酒。」

○ 昨晚八點過後，縣道四號線發生了小客車和卡車的相撞事故。駕駛小客車的上班族A先生被送往醫院，現在處於昏迷狀態。駕駛卡車的B嫌犯則檢驗出體內酒精濃度超標，他也在製作筆錄的時候，向警方坦承自己酒駕的事實。

所謂「現在醫院痛苦不堪」，只是記者自己的揣測。就算是真的，也應該寫成「A先生面對急救人員，表示『好痛苦』」才對。

「似乎喝了酒」這種傳聞式的表現也是，會讓讀者不知道是從目擊者那邊聽來的，或是警察對外發表的，還是記者的直覺而已。

推測也好，傳聞也好，這些傳聞的主詞都是「我」。

只要把它改成「根據目擊者證明……」，以第三者為主詞，就會變成客觀表述。

結論 客觀的文章＝不是以「我」，而是以事物為主詞

37

做好分類，就會「有價值」

假如公務員或企業的錄取考試要求寫論文（作文），通常都會有「一千字以內」或「二千字左右」的字數限制。而新手一開始，都會被這樣的字數限制嚇到。

基本上，論文就是**「分析問題重點，提出解決辦法的文章」**。

比方說，以「待機兒童問題」為例，先指出應該解決的人事物（問題提起）；再舉例目前政府或企業採取的措施，以及說明為什麼這些措施並不足夠（原因分析）；最後再提案未來應該採取的政策（解決方法）。這樣就完成了。光聽理論好像很簡單。

但是，實際上這三個步驟，要分別寫滿四百字並沒有那麼容易。

問題73 請敘述：待機兒童增加的問題背景。

✕

待機兒童增加的背景，是因為沒有托兒所可進的孩子正在增加。即使家長申請進入托兒所，卻因為托兒所已經額滿，所以會被拒絕。這就是待機兒童問題的背景。

○

待機兒童會發生的原因，可以從兩個假設來思考，第一是因為托兒所數量減少，第二是申請入學的家庭增加。其中關於托兒所數量，因為現在的地方政府都很積極地在設置認證托兒所，所以近年不可能再減少。因此，需要托兒所的家庭急速增加，可以說是待機兒童問題的主要原因。再來，在社會背景方面可以分為，第一，因為景氣惡化導致丈夫收入變少，夫妻都必須工作的家庭不斷增加；以及第二，因為離婚率上升，導致單親媽媽增加。而其中應該盡速處理的是單親家庭兒童的教育問題。雙薪家庭因為丈夫有收入，即使進入托兒所要等，生活也不會有困難。但是，如果是單親媽媽，小孩若不交給他人照顧，整個家庭沒有收入，馬上就會陷入困難。

這樣寫下來大約才三百字。才寫了一千兩百字論文的四分之一而已。

文中出現幾次「第一……，第二……」的句法，這是為了將「待機兒童發生的原因」和「需要托兒所的家庭結構」各自分為兩類。

詳細書寫＝把對象分類

要是很粗略地把所有待機兒童都總括為「進不了托兒所的人」，就不會發現到當中因人而異的部分。所以才會寫不出論文來，或者繞來繞去都在寫一樣的內容。當然寫的答案也就得不到好的評價。

但是若將原因分為兩類，再針對其中一類進行分析、分類，重複這樣的動作之後，**越是分類，越會有該寫的東西浮現**。驚覺之後才發現，自己早已寫到一千字或二千字。

內容也會因為角度多元又具體，而被讚賞是個「好答案」。

問題74 請說明：關於「維基百科白癡」這個現象。

✕ 所謂維基百科白癡，是針對那些對於維基百科的內容不加思索，直接複製貼上裡頭資料來做報告的人的輕蔑稱呼。

○ 與維基百科有關的人，可以分為四種。第一是閱讀維基百科的人，第二是研究維基百科裡面沒寫資料的人，第三是在維基百科撰寫、編輯的人，第四是捐款給維基百科、支持營運的人。其中的第一種人又可以再分為兩類，分別是把維基百科當成參考資料，以及不加思索相信其中資料的人。被稱呼為「維基百科白癡」的，就是最後這一類型的人。這個輕蔑的稱呼並非全面針對維基百科，或與它相關的人。

稍微分類一下，就可以比原來寫的多三倍。而且越是分類，看法就會變得越客觀、越公平。分類對於拓展觀點也非常有效。

結論 詳細書寫＝把對象分類

38

寫出有價值的筆記與垃圾筆記

喜歡小東西、文具的上班族，他們最講究的就是自己的筆記本。比起一張一張用完就丟的便條式筆記本，他們會更喜歡能永久保存的手冊式筆記本，甚至是能夠在雲端上傳保存的筆記軟體等，好像永遠都在尋找最適合自己工作方式的筆記本一樣。

問題75

請為以下發言做筆記：總銷售額二十三億四千萬元，連續三期呈現上升。靜岡分店同仁們的努力，在董事會上也引發話題。但問題是預期成為人氣商品的「PQ156」，賣得不盡理想。性能與價格都和S公司後出的「SA4397」差不多，年輕客層卻被對方整個挖走。有人可以想出打垮他們的戰略嗎？明天再召開一次會議，今天就到此為止。

✕

本期　全分店　二十三億四千萬元　連續三期上升

董事會　注目×

年輕客層　打垮

○

現狀：　總銷售額UP

問題：　PQ156×　輸SA4397

指示：　想對策　明天會議以前

上班族的筆記最重要的是**「再現性」**。

和學生時代的筆記不同，上班族的筆記不能只是自己寫得高興。記錄下來的筆記，通常會被要求寫成會議紀錄或企劃書等形式。

要是想把聽到的話全都記錄下來，最後只會越來越跟不上速度，筆記也變得很雜亂。如果只寫片段的單字重點，卻又會拼湊不起來。要是把筆記內容讀成「董事會正在討論如何打垮年輕客層的注目」就糟了。

所謂筆記的「再現性」，就是要拿給別人看，也可以寫出會議紀錄。

為此，請記住以下的兩個訣竅：

一、事先做好紀錄表格

例行會議的議事流程及討論項目，通常會有某種固定流程。另外，你或許有一些想問的問題。因此，只要在會議之前把這些準備好，列在筆記本上，做好紀錄表格就好。

這樣一來，開會時可以很輕鬆的填入答案，給別人看時，也能夠理解內容。

二、資料裡提到的事，不用記錄下來

為了能夠快速筆記，判斷哪些事情該寫，哪些不該寫就很重要。會議資料上有寫，以及之後調查就找得到的訊息，沒有必要寫在筆記上。相反地，言談當中出現的特殊名詞、數字（型號）等等，就必須正確記錄。如果這些訊息記錯，之後就沒辦法確認。

問題76 請為新開始的料理節目想名稱。

✕ 料理節目名稱確定！「全家COOKING秀」

○ 輕鬆食到寶　女子廚房　深夜餐廳　我家廚房　主星料理秀　輕鬆料理一分煮　懷念媽媽咪呀　阿囉哈☆廚房　祕境餐桌　微波輕鬆煮　魔女的晚餐　鄰家晚餐

不同於會議或演講的筆記，是以「正確傳達內容」為目的，腦力激盪時做的筆記則是**以「出盡不可行的方案」為目的**。

即使是專業的文案作家，也是要在筆記本上寫出一百甚至兩百個點子，才會有一個點子成功。反倒若不是把腦袋裡想到的點子，全都壓搾出來寫在紙上，就不會有任何發光的點子。

千萬不要精簡地使用筆記本，必須要有寫滿沒用的點子也沒關係的決心。

結論 筆記＝傳達用的「事前做好表格」，腦力激盪用的「寫滿無用點子」

39

商業郵件不需要「客套」

工作上聯絡的兩大方法，「電話」和「郵件」的使用區別非常重要。

當需要緊急聯絡，或事情需要確實交代給對方時，不用懷疑，就是用電話。因為對方不知道何時才會收信，所以若要傳遞像是「訂購出錯了！快聯絡廠商！」的內容，千萬不可以只寄電子郵件。

相對地，若是傳遞內容希望對方能謹慎檢討，或是希望留存來往紀錄的，就用郵件。要是用電話溝通，之後很可能會因為「有說過」或「沒說過」發生爭執。

問題77	合作廠商詢問產品交貨的時間。請寫一封回信。

✕

主旨：您好

您好，很高興看到貴公司業績蒸蒸日上。此外也由衷感謝您平日對敝公司的幫忙。關於這次的問題，根據我與敝公司業務部門和行銷部門確認的結果，最晚可以延長到六月八日……。

○

主旨：關於交貨時間的問題

感謝平日照顧，關於貴公司前幾天詢問的問題：

一、敝公司能應對的交貨時間最多延長至六月八日。

二、關於今後日程的調整，將於之後再另外與貴公司聯絡。

報告完畢，請多指教。

「您好，很高興……」這種書信格式，是寫給公司外部紙本信件的寫法。電子郵件本來就是公務上的簡略工具，並不需要被傳統的書信格式束縛。

商業郵件＝要事×簡單格式

首先，信件主旨就是要讓人不用看本文，也知道內容和重要性。主旨若是只寫「您好」，對方很有可能連看都不看。

至於開頭和結尾，不管什麼情況、對象是誰，都可以用「感謝平日的照顧」和「請多指教」。這個時候絕對不可以想說「有受到對方這麼多照顧嗎」。一直煩惱著開頭怎麼寫，只會浪費自己的時間和興致，所以只要有一種模式就夠了。

接著，**就請單刀直入地以條列式來書寫**。拉哩拉雜地寫了好幾行，不但不好讀，一大篇長文也會讓對方懷疑「自我本位，溝通能力有問題」。

不過，要是針對抱怨的道歉信件，就不能單純只寫要事了。

問題78

請針對已退房房客的客訴，寫一封回應信件。

✕ 很感謝您這次給我們如此寶貴的意見。您指責的地方經過我們確認，的確是因為打掃負責人的怠慢。真的非常抱歉。

○ **這次您難得的光臨卻造成您的不便，真的非常抱歉。經過向敝公司員工確認，正如吉田先生您的指責，敝公司的清掃守則和指導方式的確有不夠完備周到之處，我們將盡速加以改善。為了成為能讓吉田先生滿意的飯店，敝公司員工將更加努力。由衷感謝您這次提供的寶貴意見和指導。**

道歉信函就是要採取「①道歉→②說明→③感謝」的順序。雖然常常有人說「客訴是賺錢的機會，所以要感謝」，但是在道歉之前先說「謝謝」，只會讓人覺得「問題被巧妙避開了」。

結論

商業郵件＝要事×簡單格式

40

和任何人都能無限對話下去

造型師、婚禮顧問、雜誌記者、心理諮商師等，許多職業必須長時間與人對話。

但是，和第一次見面的人對話，很容易會不知道該說什麼，為了想辦法製造話題，搞得自己焦頭爛額。這種辛苦，和必須在一大群人面前拚命說話的講師，是不一樣的。

讓我們從專業的採訪記者身上，學習能夠一直與人對話的技術吧。

問題79

記者：「請問您演戲時都在想些什麼呢？」
演員：「演舞台劇的時候，觀眾的表情我們都可以看得很清楚。所以就算是同一句台詞，我也會根據當天觀眾的反應而變化。這就是演舞台劇的樂趣所在吧。」請問下一個問題。

✕

記者：「原來如此。那麼下一個問題。您平常的穿著是哪一種類型的呢？」
演員：「咦？喔，好，我平常比較喜歡逛二手服飾店……。」
記者：「二手衣啊，真令人意想不到呢。那麼，下一個問題。每天演一樣的戲，您不會覺得很膩嗎？」
演員：「嗯，我剛才有說過，就算是同一句台詞……。」

○

記者：「那麼，您覺得拍電視劇和演舞台劇有什麼差別呢？」

演員：「拍電視劇雖然沒有觀眾，但演不好就會被導演喊停。因為會對很多人造成困擾，所以對我來說，會比舞台劇更不容許自己失敗，更容易覺得緊張呢。哈哈哈。」

不放過對方只談舞台劇的這個部分，順便問對方有關「非舞台劇」的電視劇的事，就能夠引導他講出其他的小故事。

這段專訪接下來還可以這樣延續下去：「那麼，當不是您自己出錯，而是對手演員出錯的時候，您又如何讓自己保持在劇中角色的情緒裡呢？」

從自己出錯，讓其他人等的話題，轉移到自己等別人的話題。

像這樣**把話題轉移到「對方沒有說的部分」**，除了可以讓專訪的讀者或觀眾聽到更多完整、想知道的資訊，也可以讓話題不斷延伸下去。

下一個問題＝對方沒有說到的部分

為了能和對方連續談話一小時，準備話題是一件非常辛苦的事，但是問對方沒講到的部分就不需要準備。而且，一般人喜歡交談的對象，並非很會講的人，而是很懂得聽的人，或者「很懂得讓對方說」的人。

問題80

某甲：「豪宅？沒有那麼高級啦。雖然說是有游泳池和專用健身房沒錯。大概是因為以前過得窮，現在要對自己好一點吧。我自己是比較喜歡狗，所以想建一棟有庭院的獨棟房子給狗狗住。對了，這是我家剛出生的小狗照片。很可愛吧？」請問一個「沒說到部分」的問題。

✕ 你不喜歡貓嗎？貓咪滿可愛的喔。

○記者：「那麼，您是如何從以前的貧窮生活，轉變成現在擁有這麼大的生意呢？比方說，您是如何調度資金，動用了哪些關係等等」。

某甲：「什麼，你要問這個啊？有些事情不方便公開，請你不要全部寫出來喔。」

所謂「沒有說到的部分」，並不僅限於完全沒有提及的事情。如果對方的談話當中有些部分很抽象模糊，代表那個部分是對方「不會輕易讓他人知道的祕密」。雖然有些部分或許對方絕對不會說。但是，能從對方聽取到的經驗、常識和價值觀等，一定隱藏在對方「沒有說到的部分」當中。

結論　下一個問題＝現在對方沒有說到的部分

41

學會演講報告的「3D法則」

公司內的企劃會議，或對客戶的商品說明等等，就算是公司裡的菜鳥，也常常會有要演講報告的機會。就算說自己「不擅長在人前說話」等等，也一樣無法避免。

在本書的最後，我將教大家演講報告的技術。不過，並不是要談如何用Powerpoint做一堆華麗特效，或者教大家變魔術。而是要談**說話的構成法**。

包括蘋果創辦人賈伯斯（Steve Jobs）、分析時事新聞很有名的池上彰、電視購物公司的高田明社長在內，這世上有很多被稱呼是報告達人。

他們報告的共通點就是「讓任何人聽了都會入迷，都能理解他們的報告內容，並且聽完心情會變得積極正面」。

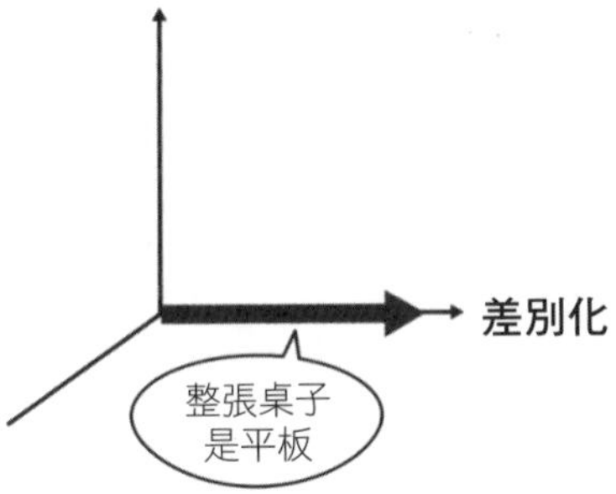
差別化
整張桌子
是平板

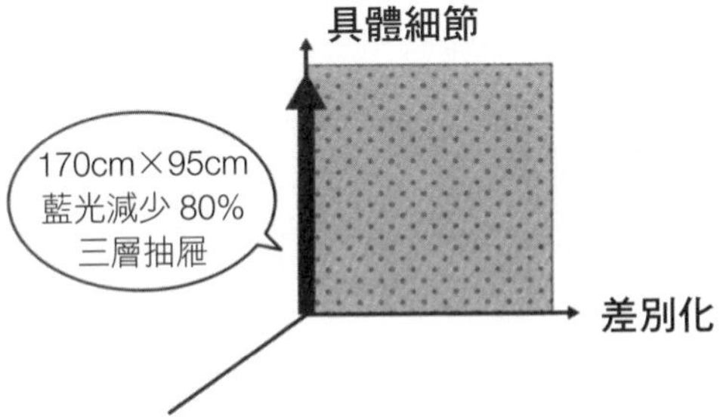
具體細節
170cm×95cm
藍光減少 80%
三層抽屜
差別化

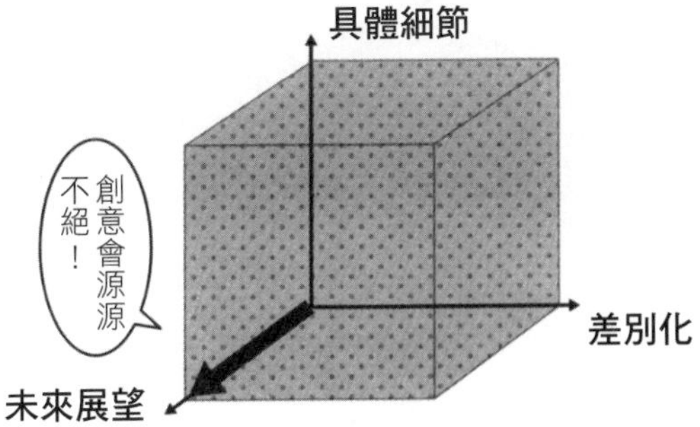
具體細節
創意會源源不絕！
差別化
未來展望

事實上，這些報告達人都有一項共同的「不會失敗的談話構成」。就稱為**「3D法則」**好了。

- **差別化（Difference）**——明確舉出和其他例子或聽眾預想的不同點
- **具體細節（Detail）**——具體實例、資料或簡單比喻等
- **未來展望（Development）**——這項報告有什麼幫助、未來將怎麼做

比方說，要介紹一台新型的平板電腦，如果只說：「很厲害喔！最新款式喔！很推薦喔！」聽的人不會知道到底有什麼厲害的。因此，要這樣說：「一般的平板電腦，不管怎樣都會覺得畫面很小，對吧。不但對眼睛不好，創意也跟著螢幕一起被壓縮。因此，今天要為大家介紹的，就是這台螢幕跟桌面一樣大的平板電腦，名字叫做『平板桌』！」

一開始先舉出過去平板電腦的不便之處，讓聽眾覺得很有道理，再告訴聽眾要談的產品有何不同之處。這就叫做「差別化」。

接著再說：「規格一百七十公分長、九十五公分寬的超大螢幕。螢幕射出的藍光量減少八十％，可以保護眼睛。因為它是桌子，還附有三層抽屜。」這部分是說明產品的機能和配備。這就是「具體細節」。

不會報告的人，很容易拚命講「具體細節」的部分。但是，只有從一開始就抱持很高興趣的人，才會喜歡聽報告的人一直講細節。

因此，要從一開始就告訴聽眾「這段報告很值得聽喔」的「差別化」，不但能擴展報告的廣度，也能抓住更多聽眾。

最後再以「未來展望」告訴聽眾，買這台平板桌可以讓生活變得更美好。例如可以這麼說：「只要有了它，就不會再把桌子堆得亂七八糟，滿滿都是書本、資料。因為一切都在螢幕中。桌上只要擺杯咖啡就好。像這種在未來會變得更普及的虛擬書桌，肯定可以激發您滿滿的創意！」

這樣一來，這番談話就不再只有點線面，還有更深入的願景，變得更立體。即使是聽到一半還不知道你在談什麼的人，聽完後或許會覺得「有它真好」。

若在報告當中加入三個D（Difference、Detail、Development），聽眾至少會對其中一個有反應。因此，這項報告就變成「無論說給誰聽，都不會失敗的報告」。

結論　利用差別化、具體細節、未來展望，讓報告變立體

結語 所謂的機會，就是這樣慢慢累積來的

很感謝你能將本書讀到最後。

這本書，是一本國語教科書。雖然書店可能會把它放在商業書區，但它還是一本國語教科書。

書中的四十一個回話原則和八十道問題，和我平常在補習班教的一模一樣。雖然多少為了做成商業書，進行了一些改編，書中大部分錯誤的答題案例，都是我的學生常犯的錯誤。

這是平常要教一整年的內容，我想很少有人能夠一次讀完四十一個原則之後，就馬上能夠實踐。

不過我想，大家至少會開始注意身邊的人如何回答問題吧？

現在聽到自己的說話對象，或者附近的人們講話，會開始想吐槽他們，說「這樣也叫回答嗎？」這麼快就覺得自己與眾不同了嗎？

不過，就算這樣也無妨。

能夠從以前什麼都沒發現，到現在能注意到「談話沒交集」，就已經跨出偉大的第一步了。

接著下來，就請先開始實踐，這四十一個原則當中的一兩則吧。

看看當自己能清楚傳達要事的時候，對方的反應會和過去有多大的差異。

慢慢地，你也會發現到，不知不覺中，主管和客戶向自己打招呼的次數變多了。

而所謂的機會，就是從這樣小小的累積當中得來的。

找工作的人能找得到工作。

正職員工能得到更高的職位。

自由工作者能成為值得驕傲的自由業。

希望這本書能夠幫助你的事業成功，這將是我最大的喜悅。

SMART 096

回話的藝術

有些時候你不該說「正確答案」，你該說的是「聰明答案」

作　　者／鈴木銳智
譯　　者／易起宇
封面設計／江慧雯
內頁排版／思　思
責任編輯／金薇華
主　　編／皮海屏
圖書企劃／王薇捷
發行專員／劉怡安
會計經理／陳碧蘭
發行經理／高世權、呂和儒
總編輯、總經理／蔡連壽
出 版 者／大樂文化有限公司（優渥誌）
地址：新北市板橋區文化路一段268號18樓之1
電話：（02）2258-3656
傳真：（02）2258-3660
詢問購書相關資訊請洽：2258-3656
郵政劃撥帳號／50211045　戶名／大樂文化有限公司
香港發行／豐達出版發行有限公司
地址：香港柴灣永泰道70號柴灣工業城2期1805室
電話：852-2172 6513　傳真：852-2172 4355

法律顧問／第一國際法律事務所余淑杏律師
印　　刷／韋懋實業有限公司

出版日期／2013年10月28日
2020年 4 月6日二刷
定　　價／280元　（缺頁或損毀的書，請寄回更換）
I S B N　978-957-8710-62-7

國家圖書館出版品預行編目（CIP）資料

回話的藝術：有些時候你不該說「正確答案」，你該說的是「聰明答案」／鈴木銳智著；易起宇譯. -- 新北市：大樂文化, 2020.04
面；　公分. --（SMART ; 96）
譯自：仕事に必要なのは、「話し方」より「答え方」：日本語のプロが教える「受け答え」の授業
ISBN 978-957-8710-62-7（平裝）
1. 職場成功法　2. 說話藝術
494.35　109000926

大樂文化

大樂文化

大樂文化

大樂文化